一学就会的收纳整理术

北欧テイストの
シンプル
すっきり暮らし

[日]藤田实沙（Misa）/ 著

程俐 / 译

中信出版集团 · 北京

图书在版编目（CIP）数据

一学就会的收纳整理术 /（日）藤田实沙著；程俐
译 . -- 北京：中信出版社，2018.1
ISBN 978-7-5086-8259-4

I. ①一… II. ①藤… ②程… III. ①家庭生活－基
本知识 IV. ① TS976.3

中国版本图书馆 CIP 数据核字（2017）第 259833 号

一学就会的收纳整理术

著　　者：[日]藤田实沙
译　　者：程　俐
出版发行：中信出版集团股份有限公司
　　　　　（北京市朝阳区惠新东街甲 4 号富盛大厦 2 座　邮编　100029）
承　印　者：北京顶佳世纪印刷有限公司

开　　本：787mm×1092mm　1/32　　　印　张：4.25　　　字　数：85 千字
版　　次：2018 年 1 月第 1 版　　　　　印　次：2018 年 1 月第 1 次印刷
京权图字：01-2017-8151　　　　　　　　广告经营许可证：京朝工商广字第 8087 号
书　　号：ISBN 978-7-5086-8259-4
定　　价：39.00 元

第三章 / 清洁顺口溜，打扫起来事半功倍

前　言

　　我和我的丈夫及两名幼子，一家四口生活在一套 3LDK^① 的
公寓里。

　　6 年前我和丈夫刚结婚时，住的是 1LDK 的出租公寓。

　　我们早就把买房列入了家庭的行事日程，一直秉持着"家中
不留赘物"的想法。

　　因为我们想让不久后将要进行的搬家活动变得尽可能地简
单、经济而且轻松。

　　住在出租公寓的两年零十个月里，控制家中物品的购入数量
让我们感受到了不受物品束缚的惬意和精挑细选的愉悦。

　　接下来说一下让人头疼的选房。

　　我们最终选择了一套小巧而舒适的公寓，这与我年少时期渴
望居住的住房展示厅中展示的大房子相差甚远。

　　我们选中的这套房子绝对称不上宽敞，只有少量的收纳空

————————————

　　①　LDK 是指，客厅（Living room）、餐厅（Dining room）和厨房（Kitchen）
所构成的一体空间。餐厅和厨房为一体的被称作"DK"。有三间居室并加上 LDK
的房屋户型就被称作"3LDK"。——译者注

间，房子里的固定收纳空间使用起来也不太方便。

我绞尽脑汁努力地思考着如何才能在这狭小的空间里舒适惬意地生活。

比如，在室内摆设方面有没有可能既摆放上自己喜欢的家具杂货，又能使狭小的客厅看起来宽敞舒心？如何才能使自己在每天的育儿生活中得心应手，不陷入没完没了的收拾僵局？

从顺利开展家务的最佳活动路线、容易打扫房间的方法，到适合自己的布局、收纳方法，我都逐一做了思考。

这些思考能让我从内部重新审视自己的性情和喜好，是一种认识自我和发现自我的良方。

本书向您讲述了在小家养育两个孩子的我是如何一边摸索一边实践，让打扫工作一点点地变得轻松，又是如何想办法让小家的生活变得舒适惬意的。

其实，真正意义上的"建设家园"是从我入住新居后才开始的。

这是一件谁都可以随时着手进行的事情。

随着孩子们的成长和环境的变化，家中的布置和生活方式也会发生相应改变，我一边享受着这些改变，一边建设着具有自我特色的美好家园。

如果这本书能给大家的生活带来些许启示，我将备感欣慰。

MY FLOOR PLAN

我家的户型图

一家四口（我、我丈夫、大儿子和小儿子）的生活。这就是我家朝东的 **3LDK**（75 平方米）公寓。我家的户型比较常见，应该可以给大家做个参考。

舒适小家的生活秘诀

　　在狭小的 LDK 户型中，营造一个良好的通风环境尤为重要。为了尽可能减少视觉上的威压感，我选择在家中摆放细长腿的家具，而不是让家具一件紧挨着一件地塞满整个房间，因为这样既能一眼望到地板，又不会遮挡住房间的角角落落。

　　另外，我还想了一些办法把容易显得脏乱的地方巧妙地遮掩起来。比如，为了收纳电视机的各类插线和网线选择带柜门的电视柜，把孩子们上幼儿园时的换衣场所设置在橱柜的一隅，等等。

　　虽然我已经尽可能地减少物品拿出来后不归位的情况，巧妙地收纳各类物品，但是收纳的空间毕竟有限。我觉得按照收纳物品的所有人来进行管理是比较适合我家的生活方式的。

　　当你置身于一个清爽舒适的环境中并且眼中不会出现其他不相干的物品时，就能集中精力工作，工作也会变得顺利。这点对于幼小的孩子们而言，一定也有相同的效果吧！就像当你一边看着自己喜欢的电视剧一边干家务的时候，手会不自觉地停下来一样，孩子们的眼前若是出现了自己喜爱的玩具，注意力自然无法集中。正因为如此，如果能把这些东西撤出孩子们的视线，孩子们就能集中注意力做好上幼儿园的准备，就会乖乖吃饭，而且这样做还能增加大人与孩子之间沟通的机会。

　　这样舒适的家庭生活还能促进家庭和谐哦。

2 为生活添姿增色的北欧家具

新婚伊始，刚过上二人世界生活的我也曾为应该营造一个什么风格的家而感到忐忑不安。

我不断地在商店和网站上搜索符合自己品位的物品，享受着探知自己理想和喜好的过程。

在这一过程中，特别吸引我的便是玛丽马克（MARIMEKKO）那些色彩鲜明的厨房杂物及编织品。就这样，我对北欧芬兰生活的兴趣之门开启了。

芬兰的严冬寒冷漫长，所以即便终日昏暗，芬兰人也会想出各种办法来实现在家中愉快生活的梦想。北欧的生活模式对于当时正醉心于思考什么是舒适生活的我来说，无疑有很多启迪。

就算受条件限制只能住在狭小的房子里，就算时有严冬风雨，但若能与家人、朋友在家中共度欢乐时光，那该有多么美好！我好想拥有这样一个家！就是在这样一种情怀的引领下，我一件一件地挑选着心仪的物品。

北欧的家具和餐具都非常适合与日式产品搭配，具有快速融入日常生活的魅力。

另外，北欧家具还汇集了不少凝聚了生活金点子的、适合摆放在我家这种小户型家庭里的物品，像带活动桌板的抽屉式书写柜、几张大小不同的几案叠套在一起的套几等。

3 淘复古家具也是一种乐趣

我家购置了好几款北欧 Vintage 家具①。Vintage 家具都是旧式家具，所以无论从家具的保养情况还是价格来说都参差不齐，即便是普通日用的家具也并非随随便便就能遇上。

第一件 Vintage 家具是为了纪念大儿子成为家庭新成员而买的。

当时，我和丈夫去了一家离家较远的店铺，那里专门经营北欧 Vintage 家具。我们在保管修复前的家具的仓库中找到了一个褪色的书写柜，这便是我家购买的第一件 Vintage 家具。

我们委托店家帮忙修复家具，一个月后，当我再次看到经过工匠巧手修复后的书写柜时，我一下子怔住了，它简直焕然一新、熠熠生辉。只有复古家具才有这种独特的深沉色调，它的独特魅力令我折服。当时我就在想，如果自己上了年纪也能有这般魅力，那该有多么幸福啊！

不久之后，我的小儿子出生了，于是下一件 Vintage 家具——五斗橱来到了我家。

北欧产品中除了 Vintage 家具之外，还有很多非常精致的北欧古餐具。比如，装饰在墙壁上的陶板、吃点心时装点心的盘子、杯子等，这些东西虽然很小，但能让生活锦上添花。

---

① Vintage 家具指的是具有一定年代沉淀的精品，这个词来源于二手交易商店。——译者注

尽管我渴望简单的生活，可是当那些让人怦然心动的杂货和餐具无意中映入我眼帘时，它们已然成为我生活中不可或缺的物品。

4 房间杂乱无章，做到即时归位就好

我家有两个小男孩，所以自然没有不乱的道理。

虽然我本人很喜欢整理收纳，但是我也不愿意把自己有限人生中的宝贵时间全部耗费在收拾整理上。

一家人生活在一起，即便自己留心不弄乱房间，房间还是会变得杂乱无章。而有了孩子之后，这种情况就更常见了。

正因为如此，了解自己的整理能力（即弄乱后重新归位的能力）尤为重要。

与其每天竭尽全力地收拾杂乱无章的房间，你要不要尝试着找出在毫不费劲的情况下自己每天能整理多少数量的物品呢？

所谓的收拾整理，无非是把弄乱的东西重新放回到原先的固定位置而已，所以并不存在投机取巧的秘诀或是偷工减料的方法，要让房间不乱只能控制会被搞乱物品的数量，这便是我得出的结论。

在我们家里，每天睡觉前都会把当天弄乱的玩具集中起来，放回到孩子房间里的规定位置，这些整理工作都是我和我丈夫还有孩子一起做的。

所以，当我感到弄乱的数量已经超过了孩子能够整理的数量时，或者整理数量已经让一个成人感到辛苦时（一般整理的时间以 10 分钟为宜），我就会做出玩具过多的判断，然后把其中的一部分玩具拿出来放到孩子够不到的地方去。

　　与其给孩子过多的玩具，不如和孩子一同体验"凭借自己最大的努力把所有玩具都整理完"的喜悦更让人开心。

　　如果你觉得每天重复不断地收拾整理是一种痛苦，那也许是因为你没有发现当前的保管方法或收纳方法中隐藏着的某些解决问题的暗示，而并非因为你不擅长整理。

⟨5⟩ 轻松打扫的秘诀

假设某一天，有人在无意间路过的一家小店中，发现了一条精美绝伦的裙子。当她想要试穿时，却发现自己今天穿了一双很不搭调的匡威高帮鞋。由于脱鞋过于麻烦，于是她打消了试穿的念头，这个人便是我。

我是那种即便觉得不好意思也会因为嫌麻烦而宁可绕开麻烦走的人，所以深知自己性格的我在生活上也必然奉行"越是麻烦的事越要轻松搞定"的原则。因而在物品选择上，我也相当注重它们是否"便于打理"。

另外，一旦我觉得生活中的某些东西很难收拾时，我便会开动脑筋，逐一思考它们的结构和收纳方法。因为我相信一定有比现在更轻松的方法。

比如，用电池而非电插座给打码机供电，并将充电器装在固定位置，这样充电就能一步到位。再比如，搞卫生时，我会想办法让容易染上油渍的厨房用品尽可能不被移动也能被擦干净。

与其用"自己家里就是这样做的，大家都是这样做的"这一理由来说服自己，我更喜欢亲自去寻找让自己变得轻松的方法。

现在，很多清洁用具都能达到"既干净又轻松"的效果，包括使用方便的各种清洁工具，还有孩子在也能放心使用的优质洗剂。如果你选择的清洁用具非常适合要用的地方，并能形成标准流程固定下来，那么打扫工作就会变得非常轻松。

再把"顺手清洁"一点点地编排到日常生活中，你就能在自己都没意识到的情况下搞好卫生了。

有了这种想法，我平时就会留心并做到洗完餐具后顺便洗一下水槽，洗完澡后随手搞一下排水沟的卫生。

>>>>
购房时想过的问题

"可以借到多少钱和能够偿还多少钱是两码事。"这是我们准备购房时经常挂在嘴边的一句口头禅。只要一想到这是要和家人生活一辈子的家，就会产生"就算有点勉强也要尽我所能买个好房子"的冲动。不过在与丈夫反复商榷的过程中，我逐渐意识到房子本身固然重要，但充实生活的内在更不可缺少。我希望在今后漫长的人生道路中，能在和家人共享生活乐趣的同时，时而品尝一下美食，时而出门旅游一番。能让家和生活达到和谐平衡，就算不奢华也不处处将就是一种比较理想的状态。

基于这种想法，一向向往朝南房子的我最终也做出了让步，选了一处朝东的小房子。天气晴好时，灿烂的阳光会径直射入我家朝东的客厅。我喜欢面带微笑地对着窗被刺眼的阳光唤醒，然后睡眼惺忪地向家人道一声早安。嗯，这就是我心目中的和谐家园。

第一章

舒适生活从简开始

comfortable life

Start with simplicity

LIVING & DINING

客厅 & 餐厅

在我家的客厅与餐厅中摆满了我所钟爱的北欧家具。稳重质朴的木质家具营造出了绝佳的空间感。

选择低于视线的家具能在墙壁上留下余白，营造出清爽舒适的空间感。

🍃 简单生活的物品选择

家具的色调搭配

　　我们并没有将整个室内装潢的颜色统一成一种色调，而是采用了各个空间自成一色的做法。比如，厨房为白色，房间为橡木色。为了打造一个简洁而不失温馨感的理想客厅，我们选择了稳重质朴的室内装饰，并以木制家具的橡木色为主色调，让家人可以在这里心情愉悦地尽情放松。因为我们家的两个孩子都是男孩，除我之外再无女性，所以不让室内的装潢过于可爱也是我比较注重的一个地方。

　　虽然我家的客厅面积不大，但因为准备了充足的收纳空间，所以使用起来非常方便。客厅选用的都是小号家具，这样既不会造成视觉上的威压感，改变空间布局时也会很轻松。

墙壁和地板间的界线清晰可见，让人看着清爽舒心！

带细长腿的家具设计颇具魅力。你是否觉得这种设计能让房间看起来稍显宽敞呢？五斗橱，凯·克里斯蒂安森（Kai Kristiansen）设计的作品；电视柜，购于SAC WORCS（家具品牌）。

🖋 选择一些让房间看起来更为宽敞的物品

为什么要选长腿家具

北欧 Vintage 家具多有带着细长腿的家具款式，还有不少适合摆放在我家这种小房子里的小型家具。家具的种类非常丰富，所以在寻找款式、收纳能力与价格平衡点的同时，慢慢思考和甄选家具的过程也是一种乐趣。

带细长腿的家具不会遮挡墙壁和地板间的界线，视野通透，所以整个房间看起来较为宽敞，这点非常符合我家的设计理念。

另外，如果房间里摆放了带细长腿的家具，就不用担心东西掉在家具和地板的间隙中出不来了。而且，搞卫生时也不用——挪动家具，轻轻松松就能把整个房间的地板打扫干净。

我被它那种光滑圆润、熠熠生辉的外形所折服。吊灯，muuto[1] 的 E27 Socket pendant lamp（产品型号）。

孩子们也会在这里写写画画。为了保证照明亮度，我特意在这里装上了灯轨，用上了聚光灯。

🔖 选择一些让房间看起来更为宽敞的物品

用简单物品装点狭小空间

　　我曾在商店及杂志中见过许多令人神往的灯具，只是那些灯具对于我家的小餐厅而言都过于庞大。遗憾之余，我只能转而去寻找真正适合我家的灯具。功夫不负有心人，我终于找到了一款 muuto 的吊灯。

　　这款 muuto 的吊灯不仅大小适中，而且设计简洁优美，与我家的风格十分匹配。胖乎乎圆鼓鼓的造型为这个家增添了一份暖意。

　　这款吊灯没有复杂的灯罩，所以擦拭保养起来非常轻松，这点令人欣喜。用带有碱性电解水的厨房纸巾轻轻一擦，整个玻璃灯体立刻变得闪闪发亮，心情也随之放晴。

---

　　① muuto 是丹麦著名家居品牌，成立于 2006 年，总部位于哥本哈根，生产斯堪的纳维亚设计风格产品，包括家具以及其他设计产品。——译者注

单人沙发，丹麦设计师汉斯·乔根森·韦格纳（Hans Jorgensen Wegner）设计的 GE290 款。

一张单人沙发同时坐两个孩子。

孩子们尚小，一张单人沙发刚好能容下两个孩子并排坐。孩子们入睡后，这里就成了丈夫晚间小酌的场所。

🖋 选择一些让房间看起来更为宽敞的物品

最受欢迎的家具

在我家的客厅里没有大沙发。趁着孩子们尚小，应该多创造一些能使大人和孩子保持等高视线的玩耍空间，基于这种想法，我选择了这张单人沙发。

要想在狭小的客厅里给孩子们留出更多的玩耍空间，放一张单人沙发已经是极限。我家的单人沙发虽小，却从未出现过家庭成员之间为了它相互争抢的场面。大家都在不同的时间段里各自巧妙地利用着沙发，使它成了全家的宠儿。

有时，宽松舒适的空间会让人失去干劲变得懒散，而对于终日为家务忙碌的主妇而言，我家的客厅应该算得上是一个鲜有诱惑的地方吧。

随着心情的变化，适时改变置物架上的布局。

其优点在于无论何时你都能随心所欲地改变置物架上的布局。

壁挂式置物架，String（瑞典老牌家居）的 string pocket。

🖋 简单生活的物品选择

将简约置物架玩出花样

我们在客厅的墙壁上安装了一个壁挂式置物架，它线条流畅，两侧的细金属框呈梯子形。其实这种壁挂式置物架可以多层组合，自由连接，随意扩展的，我家采用的是把两个架子纵向连在一起的形式。置物板每隔 5 厘米便可移动，所以自由布局的范围较广。再加上白色的背景，更能与那些实木杂货相映成趣，让人感受到与装饰在办公室中的置物架有迥乎不同的氛围。

置物架上的布局变换多在季节转换或者心情焕然一新时进行。虽然只是那么一块方寸之地，但是在我排列擦拭自己珍视的杂货和餐具时，心中不觉渐渐多出了一份闲情逸致。

椅脚底下的缓震毡：如果有与自己家具尺寸大小合适的缓震毡，就可以省去特意裁剪的麻烦，使用起来非常方便！我会在擦家具脚的时候确认缓震毡的使用情况，如有磨损，即可替换。

一整套缓震毡，购于 Nitori[①]

盆栽底部也可以贴上缓震毡

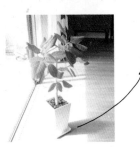

可以将缓震毡贴在房中观叶植物（孟加拉榕）下的盆托底部，需要让植物晒太阳时可以直接移动。

🖋 简单生活的物品选择

轻轻松松挪家具

我家以小型家具居多，所以只要把其中的抽屉或存放物品拿出来，我一个人也可以轻轻松松地挪动整个家具。因此，改变家中布局的工作总是我一个人完成。比起抬高整个家具，当然是把抽屉或是存放物品拿出来然后推拉一下更为轻松喽。

我在每个家具的底部都贴上有一定厚度的缓震毡，有了缓震毡，推拉家具的时候就不会刮坏地板。而且缓震毡还有防滑的效果，所以挪动轻质家具时更为便捷。一整套 Nitori 的缓震毡有四个尺寸，厚度适中，使用起来非常方便。如果能在餐厅餐椅或地板上放置的盆栽底部也贴上几个缓震毡，这样家具布局都能轻松改变，那么精细的打扫工作、家具保养还有什么道理不轻松呢。

---

① Nitori 是日本第一大家居品牌，在日本本土的销售额远超在中国更为人所熟知的无印良品（MUJI）和宜家家居（IKEA）。此品牌在中国台湾地区也非常火爆，然而在中国大陆却一直是比较小众的品牌。——译者注

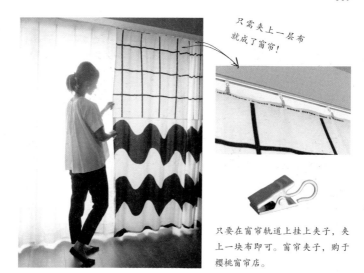

只需夹上一层布
就成了窗帘!

只要在窗帘轨道上挂上夹子,夹上一块布即可。窗帘夹子,购于樱桃窗帘店。

只需将两块不同花色的布沿着直线缝合,就成了一席独创的窗帘。北欧复古质地,上半部:VUOKKO(布料品牌)的 JATTI-RUUTU-73(布料型号);下半部:玛丽马克的 LOKKI(布料型号)。

🖐 简单生活的物品选择

小物品改变大格局

窗帘布的挑选并不急于一时,所以在我刚搬入新居时,家中各个房间里暂时挂着的都是家里原有的现成布料。不过真要是到外面选购窗帘,一来面积大的窗帘布价格高昂,二来我也始终没有找到心仪的花式,所以最后干脆就拿家中原有的北欧古布来装点客厅和餐厅了。为了与窗户的大小匹配,我把两款花式不同的布料缝在一起做成了一块窗帘,没想到成品非常合我心意。我很庆幸自己没有在入住新居前急于购买窗帘。

以前

以前我都是用这种尺寸不足的布来暂代窗帘的。

只要在家具上抹点专用油，家具便宛若新生，光亮如初了。有时我在家具保养方面产生困惑时，也会找卖家商量。书写柜，丹麦的 Vintage 家具。

摘些花以作装饰。

有时可以在透明玻璃瓶里插上几枝别人赠送的花。

🔖 简单生活的物品选择

家具，不买贵的只买对的

我和妹妹出生时，父亲在自家院子里种下两棵树以示纪念。父亲为我种下的是一棵软条樱花，而为妹妹种下的是一棵山樱桃。每当大家说起"今年 Misa 的樱花也开得很漂亮"时，我都会感到些许自豪。当时我就觉得能在家中种上一棵和自己年龄相仿的植物，是件快乐的事。

正是童年的这种回忆，让我决定在大儿子出生时，也买一款家具来纪念他的到来。我们当时选了一款丹麦的旧书写柜。这便是初为人父人母的我们怀着些许特别的心情买来的具有纪念意义的家具。后来为了纪念小儿子的诞生，我们选了一款四层的五斗橱。

我们一直都对这两款家具精心呵护，极为珍重。

值得推荐的 Vintage 家具店

Vintage 家具不是一生只能遇上一次的吗？因为有些家具要找到相同的设计本身就很难，而家具的木纹走向、色调、使用氛围、保养状态的好坏更是完全不同。"我要的就是它！"——当你在寻寻觅觅中终于碰上自己心仪的家具时，那种兴奋感本身也是一种愉快的选物享受。在此，我向大家介绍几家我曾光顾过的 Vintage 家具店吧！

店家
01　Comfort-mart（家具品牌）
http://www.comfort-mart.com

我家的书写柜就是在这家店购买的。5 年前去到这家店时，店主带我们看了堆满修复前家具的大仓库。在这家店的主页上详细记载了店家对复古家具的一些想法及修复的过程。此外，这家店还负责家具修理，所以大家可以放心购买。

店家
02　Humming Joe（家具品牌）
http://www.hummingjoe.com

我总想着什么时候能去看一下它设在福冈的实体店。该店收购的都是些保养极佳的家具，以至我收到单人沙发时，一度为这款家具能在价格与保养状态间达到如此平衡的地步而震惊。而且在购买家具前，店家对于我提出的疑问都一一给予了礼貌且认真的回答。

店家
03　百货店及北欧家具店（Salut）
http://www.salut-store.com

虽然网店上所列出的商品数量不多，但很值得一看。被店主选上的家具每一件都很好，而且展示给客人看时也散发着店主独特的审美品位。商品的介绍文字细致周全，通俗易懂，让访客处处都能感受到店主的真心实意，是一家值得信赖的店铺。

店家
04　Haluta（家具品牌）
http://www.haluta.jp

在长野有自己的工厂。网店上的产品数量和种类特别丰富，光浏览就是一种享受。对于心中有明确想法的顾客，也许在这里选中 Vintage 家具的概率会比较高。店里还有很多稀有又可爱的家具，比如 Vintage 的门、窗框、什物等。

选择具有设计感的装饰物品

我喜欢百看不厌的简约设计。但我也想选一些适合我家的，能体现自我风格的家具。选择家具时，不光要考虑外观是否顺眼，还得考虑使用起来是否顺手。接下来我就向大家介绍一下在这种思路指引下汇聚一堂的家居尤物吧。

MIRROR
柚木穿衣镜

穿衣镜不仅让我在检查自己的仪容仪表时十分方便，还能起到扩展空间、延伸视觉效果的作用。丹麦的 Vintage 家具，购于北欧 Vintage 商店。

CHAIR
Vintage 椅子

椅面可以替换的 Papercord（椅子品牌）椅子，其舒适度亦是非同凡响。汉斯·乔根森·韦格纳设计的 CH23（产品型号），购于北欧 Vintage 商店。

BOARD
壁挂式陶板

高雅的彩色陶板装点在雪白的墙壁上显得分外醒目，能营造出较为紧凑的空间感。也可以用大头针简单装饰在墙壁上。左上：Nymolle（产品名称），左下：Rorstrand（产品名称），右：Arabia（产品名称），均来自北欧 Vintage 商店。

CALENDAR
壁挂式日历

简约纯粹的木质结构日历。每年更新一下日历本即可。Original calendar，购于北部的居住设计公司。

DESK
带小抽屉的家具
这款书桌带三层小抽屉的设计引人注目。浅浅的抽屉里可收纳一些小东西，使用起来很方便。丹麦的 Vintage 家具，购于北欧 Vintage 商店。

CLOCK
壁挂式时钟
时钟直径为 36 厘米，钟盘面较大，无论从哪个方向看过去都一目了然。这款时钟不会发出嘀嗒嘀嗒的声响。IDEA LABEL（家居品牌）的墙面钟，购于 Unico（日系家居品牌）。

TOASTER
纵式烤面包机
小厨房里摆上一台不占空间的纵式烤面包机用起来非常省心。不仅可以同时烤两片面包，而且高度也正好与微波炉一致。

CHRISTMAS TREE
圣诞树
小圣诞树的高度虽不足 1 米，但树的质感和丰盈程度却令人满意。即便放在小屋子里也不觉局促。产自 RS GLOBAL TRADE（日本品牌公司）的 90 厘米高圣诞树。

ROOM
房间

与客厅接邻的是一个 4 张半榻榻米大小的房间。打开拉门，就能与客厅连成一片。房中配有北欧家具，同时也能够享受到独特的日式风格。为了让房中的壁橱使用起来更方便，我把橱门拆下换成了布帘。

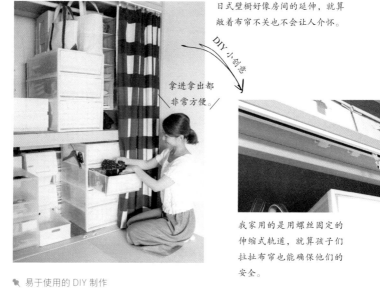

日式壁橱好像房间的延伸，就算敞着布帘不关也不会让人介怀。

DIY小创意

拿进拿出都非常方便

我家用的是用螺丝固定的伸缩式轨道，就算孩子们拉扯布帘也能确保他们的安全。

✎ 易于使用的 DIY 制作

果断拆除不顺手的壁橱门

我家原来的壁橱门是对开式的，每天开开关关非常麻烦，所以入住新居后不久我便把壁橱门拆除了。取而代之的是在伸缩式的窗帘轨道上挂一席自己喜欢的布帘。

对于我们这个缺乏收纳空间的小家而言，壁橱这样的空间非常宝贵，所以使用起来是否称手是我们需要优先考虑的问题。改成布帘后，壁橱的左右两侧便能完全敞开，使用起来非常方便，而且内置物品也不容易藏湿。

每当客人来访时，会有很多打开壁橱的机会，所以我比较注重壁橱收纳给人带来的舒适性和惬意感。

以前

刚入住新居时，壁橱上用的是原本配好的对开式壁橱门。我将壁橱门拆卸下来后一直把它竖放在丈夫挂物架的背面。

根据季节变化替换布帘。

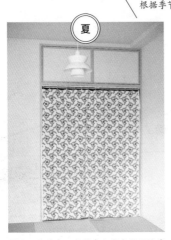

夏

冬

夏天：这是我几年前在宜家家居买的蓝色花布。这款花布很合我意，清凉可爱的花色十分适合夏天。

冬天：一搬入新居，我就把餐厅的格子布帘替换下来用在了这里。因为格子花纹规则周正，或折或缝都很方便。

🖊 易于使用的 DIY 制作

用窗帘装点四季

橱柜的遮挡布只需用窗帘夹子夹住挂起来即可。更换起来也非常简单，可以按照不同的季节、心情享受更换的乐趣。

在布帘的花纹选择上，我特别喜欢较为规则的款式，一般以稳重的图案居多，颜色不会超过两色。房间的陈设相对简单，摆放的东西不多，所以往往一块布帘就能改变整个房间的氛围，心情也能焕然一新。

壁橱门换成布帘，给人带来清爽的感觉。

冬天会在榻榻米上铺一层地毯，房间的氛围随之改变。

可以当作咖啡桌使用。

大中小三种尺寸的几案叠套在一起。虽然台面不大，却有很多种用法。套几，丹麦的 Vintage 家具。

可以摆放客人的行李。

🔖 简单生活的物品选择
选择多功能家具的理由

我觉得给小房间选择一些多功能的家具尤为重要。因为我的初衷是在不增加物品的前提下过上舒适惬意的生活，所以我在选择家具时总是慎之又慎。三个不同尺寸的几案叠套在一起的套几，绝对是多功能家具中的佼佼者。套几既可以叠放着套在一起，又可以一张张分开来分别使用，非常方便。

举个例子来说，把套几放在房间里，可以用来摆放访客的行李。坐在沙发上喝咖啡时，套几可以当作侧桌使用。室内摆设改变后若觉得寂寥，还可以把套几拿来当摆放花瓶的台座。按照大小顺序套在一起的套几不仅可以节省空间，重量还比看起来轻很多，挪动搬运都很简单，能灵活使用也是它的便利之处。套几在我家的使用频率很高，使用空间多以房间和客厅为主。

可以当作衣物的室内晾挂处

想在室内晾衣服时，可以在这个置物架上挂个不锈钢衣架。把不锈钢衣架挂在最前面的金属杆上就不会碰到墙壁，这样湿衣服也能放心地挂在这里。

可以挂访客的上衣

这个置物架设在每个房间都能看到的地方，所以就算挂了很多东西也不容易被遗忘。挂衣架是壁橱中的常备之物，可以轻松拿出来使用。挂衣架，阿尔泰克牌。

篮子中放一些不想被孩子们用来搞恶作剧的东西。

🖊 简单生活的物品选择
随时待命的挂衣架

　　入住新居时，房间没有设置可以挂衣服的地方很是不便，于是我在房间的入口处设置了一个挂外套的架子。有客人来访时，可以随手把上衣、背包挂在上面，在平时生活中还可以把洗好的衣物挂在此处晾干或是临时悬挂脱下来的西服。

　　阿尔泰克（Artek）的挂衣架设计巧妙，靠墙壁一侧有三个挂钩，前面有一根金属杆，顶部的架子上还设有放置物品的地方，是一款非常优秀的多功能挂衣架。这款挂衣架装在墙壁上也不会占用地面空间，这点非常令人欣喜。平时我们基本不在上面挂衣物，也不在上面堆积物品，而是让它始终处于随时待命的状态。

装点厨房周边的经典黑白款

物品
01

Ajasto 牌日撕型日历：芬兰日撕型日历。简约型，数字一目了然。

物品
02

Arabia 牌茶杯 & Kartano 牌茶托：杯子的设计简单而不张扬，与 Kartano 的茶托搭配非常美观。

物品
03

伊塔拉（iittala[①]）牌白盘子：结实又好用的 Teema（产品型号）经典款白色盘子。

物品
04

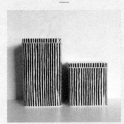

玛丽马克牌茶罐：放在厨房周围，方便用来保管红茶及条状包装的咖啡。

物品
05

Arabia牌姆明杯（Muumin[②]）：在为数众多的姆明马克杯中，这是一款最简洁的姆明爸爸图案的马克杯。

物品
06

Arabia 牌椭圆形平底瓷盘：无论是哪种料理，装在这种图案的盘子里都非常美观。

---

① 伊塔拉（iittala）在芬兰首都赫尔辛基的一个小镇上成立，至今已有 100 多年的历史，这个小镇以制作全世界最好的玻璃闻名。——译者注

② Muumin 是一部芬兰动画，后被日本买去版权，重新制作。现在大家看到的动画以及芬兰飞机上的姆明广告中的形象都是日本创作的。——译者注

KITCHEN
厨房

我家的厨房是白色的，因为白色给人以清爽之感。另外，我还设置了一个背体收纳柜。平日里我始终设法保持着敞开式柜台的清爽整洁。

让人眼前一亮的柜台

　　在入住新居时，我曾为家中的开放式厨房感到不安。我很担心是否能始终保持厨房的清爽整洁。好在开始新居生活后，我注意到只要搞定了厨房柜台，整个房间就会给人眼前一亮的感觉。就算客厅里散落着孩子们玩过的玩具，桌子上滚满了彩色蜡笔，只要白色的厨房柜台空无一物、干净整洁，整个家看起来就特别出彩。这一发现成了我的动力之源，我开始尽可能地保持厨房的整洁状态。我会把用过的东西收拾整齐，再把柜台擦拭干净，思考让这些动作尽可能轻松的路线和收纳方法，最大限度地减少摆放在外面的物品。

🔖 易于使用的 DIY 制作

开放式收纳柜的独特魅力

在厨房安放开放式收纳柜，是在我搬入新家快一年时候的决定。在此之前，我只是把现成的架子和抽屉组合起来，一边探寻着大概需要多大的收纳空间一边在脑海中勾画着收纳柜的大体形象。

最终，我选择了一款简约型的白色架子。相较于家具摆放众多、给人以稳重感的客厅和餐厅，我更想把厨房打造成一个清爽整洁的地方。我在墙壁的上半部分安装了三块白色的搁板，下半部分则是齐腰的抽屉。所用材料都是从宜家家居采购的。因为都是自己动手组装家具，所以只花了 1/3 的预算就完工了！自己组装虽然麻烦，不过一旦掌握了柜子的结构，以后再想改装就很容易了，这就是自己动手的好处所在。

将所有杂物照单全收

开放式收纳柜的好处在于拿取一步到位，非常便利。柜子上摆放着使用频率较高的素色盘子和客用杯子，还可以根据喜好随意改变架上物品的布局。东西过多且无处摆放时，这里还可以当作料理的临时摆放场所，起到第二柜台的作用。

以前

刚搬进新居的一段时间里，摆放的是以前家中使用过的收纳架。

这样不仅增加了我家厨房的收纳空间，还能让人享受改变布局的乐趣，使用起来也非常称手。

始终保持清
爽整洁。

🖊 舒适生活的小绝招

万能的沥水架

我家没有沥水筐。

我一直使用的是水槽上原本配备的可拆装沥水架。沥水架的形状接近平板，最初使用时我还有很多担心，但好在我很快就掌握了其中的诀窍，使用起来得心应手。水槽上有个这样的沥水架，不仅可以使厨房柜台的使用面积变大，还有很多便利之处。刚洗干净的蔬菜可以先装在笸箩里然后搁在这里沥水，想稍微晾一下的东西也可以直接放在上面。如果想增大水槽的使用空间，还可以将沥水架拆下来。沥水架没有多少厚度，竖起来放也很省空间。

顺便提一句，我家没有洗碗盆，所以必要时我会用稍大的锅或碗来代替。

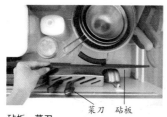

砧板、菜刀

把砧板和菜刀配套着放在一起，要用的时候只需一个动作就能拿出来。

菜刀　砧板

没放在柜台上的东西都去了哪儿？

如果把调味料或者烹饪工具放在外面，势必会沾上油渍和灰尘。为了省去麻烦，我规定了它们在柜台抽屉里固定的存放位置。因为我设定位置时考虑到了拿取的方便性，所以把这些调味料和工具放在抽屉里比放在外面舒服多了。

盐、糖等调味料

把盐、糖等调味料集中摆放在这一抽屉里非常方便，可以一边用IH烹调加热器烧菜，一边用右手拿取调味料。

厨房纸巾

采用抽取式盒装形式，就算纸巾放在抽屉里也能单手一张张抽取。

放在外面的东西全部统一成白色

放在外面也能轻松搞定的物品都是些容易发现脏污给人清爽感的白色物品。

海绵

我家用的是沥水性很好的白色海绵。无印良品的三层海绵。

野田珐琅的平底水壶

有时会用小苏打来清洗白色的平底水壶。野田珐琅的平底水壶。

柜橱门的里侧也被
利用起来了哦。

在橱柜门的里侧贴上透
明的塑料文件袋，将幼
儿园的日历插入其中。
另外，考虑到要在这里
设一个磁区，所以我还
在文件夹中插入了一块
薄铁板。

🍃 简单生活的物品选择

橱柜的收纳技巧

我在厨房的最里端设置了一个收纳柜。
虽然收纳柜的进深很浅，只有短短的 20 厘
米，却能容纳前后两排大杯子或玻璃杯，是
一个看着一目了然，拿取物品非常方便的地
方。我所钟爱的蛋糕碟、茶杯和杯托等容器
也都放在这里。正是因为这些餐具珍贵才更
要好好收纳、小心使用。

因为这个柜子每天都会打开，所以我在
柜门里侧贴上了孩子们的幼儿园日程表。

把细小物品放到篮子里

我一直以来就只对木篮子情有独钟。家中的篮子众多，有白桦木篮子、杉木篮子、藤条篮子等各种篮子。这些篮子不仅能用来做室内装饰，而且存放东西也很方便。

我在 IH 烹调加热器的换气扇上面放了个篮子。

本来换气扇的上方并不适合摆放物品，但我却自作主张地在上方放了一个轻便的篮子。因为这个地方孩子们的手够不到，所以比较让人放心，也可以当作藏东西的地方。

篮子中会放一些常备药品，如镇痛剂。孩子们吃的处方药也都放在这里。

篮子很轻，无论是放到高处还是从高处取下来都很轻松。对于那些不经常拿取易积灰尘的篮子，我会在上面盖上宜家家居的纸巾，等到下次搞卫生时再换上新的。有时还会把篮子放在太阳底下晾晒以保持清洁。

常备厨房纸巾。

偶尔才会用到的便当盒和吸管等。

在第三层的小篮子里放上钥匙及自动给水的印章等物品，一旦有人送货上门便可以马上应对。

每天要用的儿童便当盒和水壶。

WASHROOM
洗脸台

洗脸台和更衣室是最能反映生活点滴的地方。一个小小的金点子就能让
这两个地方变得清爽舒适。

宽34厘米，深19厘米的收纳柜。在这里横放上无印良品的聚丙烯宽型文件盒（宽15厘米），非常匹配。

🖊 易于使用的 DIY 制作

文件盒的妙用

洗脸台的旁边有一排位于房体内的收纳柜。这排收纳柜的一面是墙，另一面呈开放式结构，所以很容易让人在不知不觉中放上各种东西，特别容易弄乱。正因为如此，我开始考虑如何才能把每样物品的位置固定，使这里的收纳物品既方便拿取又不易脏乱。我希望这一空间能被有效利用，还希望能营造出舒适清爽的感觉。出人意料的是，满足我这一愿望的竟然是我经常用到的无印良品的白色文件盒。因为架子进深较浅，所以我把白色文件盒横过来放。白色的文件盒能一下子融入白墙中，即便放在较高的地方也不会产生威压感，着实令人欣喜。这些白色文件盒可以存放很多东西，如颜色鲜艳的洗涤剂、餐巾纸的备用品等。我把这些白色文件盒放在不用梯凳也能够得到的地方，所以放上去和拿下来一点也不麻烦。

手巾
我家用的是质地柔软、掺有有机棉的无印良品手巾。通常，我会在定期举行的"无印良品周"或者等到换季价格特别实惠时集中购买。

面巾
面巾长 1 米，比一般的毛巾稍长。SCOPE（毛巾品牌）的面巾（沙色）。

迷你浴巾
普通的迷你浴巾是 100×50 厘米的，SCOPE 的迷你浴巾则是 100×63 厘米的。我很喜欢这样的尺寸。SCOPE 的迷你浴巾（灰褐色）。

🖎 简单生活的物品选择

一招就能让收纳柜变整洁

从结婚开始，我就一直集中购买着同一种类的毛巾。但是这一举动却被人指出像是待在宾馆里一般，真是不可思议。只要颜色和形状齐全，就算混搭着放在同一个收纳架上也不显杂乱，能轻松地保持这一空间的整洁和谐。若能将要用的三种毛巾按照柜子的进深折叠摆放整齐，那么看起来就更加清爽舒适了。因为这款柜子是全开放式的，所以即便是洗澡后沾了水的手也能轻松拿取，把毛巾洗干净晾干后只需叠好归位即可。

美观大方的毛巾折叠法

将迷你浴巾对折两次后再折三折，就刚好与架子进深完全吻合了。如果都把毛巾按照架子的宽幅叠成相应的大小，那就非常整洁美观了。

第二章

高效整理术，和脏乱房间说再见

comfortable life

Start with simplicity

Tidying up my
LIVING
客厅

🖋 舒适生活的小绝招
10 分钟内搞定客厅

　　客厅是家庭成员经常聚集的地方，弄乱只在顷刻之间。特别是当孩子们玩闹起来时就更是如此！不过，我可不想在与家人共享欢乐时光时反复向他们叨念"赶快收拾干净"这句话。所以，我会有意识地把房间打造成一个即便再乱也能在 10 分钟之内整理完毕的地方。

　　首先，要规定容易弄乱房间的各种东西的摆放位置。这样当你用完某样东西，试图收起它时就不会烦恼该把它放在哪里了，然后"这个放这里，那个放那里"，随着身体的自主行动，片刻之间便能完成客厅的收拾整理工作。

　　客厅里摆放的都是家庭成员的共用之物，所以我会有意识地在收纳箱上贴上标签，也会根据物品使用的方便性在抽屉中摆放物品。

电视柜的左侧

把常用品集中收纳在一起

因为我家的电视柜是拉门式的，所以我会把使用频率较高的物品摆放在电视柜的外侧（即两端）。这样在拿放东西时，就可以使电视柜拉门的开合距离达到最短。

A4 纸

这个抽屉一次可容纳 500 张 A4 大小的印刷纸。孩子们也会用这些纸来画画。

母子健康手册和挂号证

我会把大儿子和小儿子的母子健康手册和挂号证一同放在一个半透明的小袋子中。去医院就不用说了，就算外出住宿也很容易准备，不容易遗忘。

邮寄单

处理西服等衣物的一个方法——拍卖。当我下定决心准备转手时，可以立刻寄出。

DVD（数字视频光盘）

这里是保管孩子们 DVD 的地方。可以分类整理的 DVD 光盘就放在光盘包中。既不用担心箱子被划破，又能节省空间。

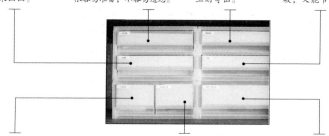

儿童护理系列

孩子们用的棉棒、防晒霜、保湿霜等物品都放在这种比较容易拿取的地方，以便孩子们在外出或是洗完澡后能随时使用。平时若要进行特别护理时（如躺在小毯子上掏下耳屎等）也可以立刻使用。

缓震毡

贴在家具底部防止划坏地板的缓震毡。打扫卫生时，如果发现脏了可以马上更换。不用刻意寻找便可轻松替换。

个人电脑硬盘

以前用过的个人电脑的外接硬盘。过去拍的照片、录像等都存在里面。

②

电视柜的右侧

把客厅里的电器类产品集中收纳在一起

不光是 DVD 播放器，与网络相关的电器设备我也集中收纳在电视柜中。

我不仅在其中配置了电源插座，还给无线吸尘器留出了充电空间。

电视柜——电线的绝佳归宿

如果能把电线收纳好，不仅能使电视机的后方变得十分清爽，还能减少堆积的灰尘，方便打扫。

纸尿裤的收纳

电视柜的位置可以说是各种生活路线的中心，也是收纳一天会替换多次纸尿裤的绝佳位置。

根据需求设置小场所

自从孩子改穿短裤式纸尿裤后，我特地在孩子练习扶着物体站立的地方设置了换尿布的场所，使用起来非常方便。

将清扫工具集中摆放

抽屉里收纳的都是与扫地有关的工具，如吸尘器的过滤器、静电除尘拖把的除尘纸等。由于电视机的周围特别容易积灰，除尘的时候可以先用除尘纸擦拭过后，再顺手把装饰架、灯泡等容易积灰的地方一并擦拭干净。最后等擦完窗框、玄关格槽等处后，一扔即可。

让家电时刻保持电力十足的状态

虽然无线吸尘器使用起来很方便，但充电器拿进拿出十分麻烦，所以我决定在电视柜里专门设置一个充电的地方，让吸尘器始终与电源保持连接。电源插座选用开关式的，等到要充电的时候，按一下开关就能立刻充电！充电结束后再按一下开关键，充电就变得非常轻松了。

给理不清的电线"扎辫子"

贴好标签

只要贴上用打码机事先打印好的标签，就算每根电线都长得一样，也能立刻分辨出它们是什么电线了。保管的时候再用上百元店中有卖的扎带，收纳起来既省空间看上去又很清爽。

扎带

用扎带把电视机背后的各种电线捆扎在一起，不仅外观清爽舒心，打扫起来也很方便。再在百元店里买个挂钩，让这些电线无法直接接触地板，用除尘器打扫卫生时就不会有什么妨碍了。

③

五斗橱

分类整理：让杂物各回各家

电器集中营

遥控器经常会被孩子们当成玩具玩儿，或是随手放到了
房间的某处，所以不用的时候要尽可能地把它放回到抽
屉里。另外，让空调遥控器始终处于就算放在抽屉里也
能随时启动的状态。

在五斗橱的侧面配
有插座，可以直接
给摄像机充电。

孩子们的资料

除了幼儿园的紧急通知和每月计划表贴在厨房外，年度
计划表和一些需要保管的印刷资料则存放在这里。加上
平时勤于整理，可以把没用的印刷资料依次处理掉。

老公的专用抽屉

自从我在客厅为老公设置了一个专用抽屉后，收拾整理
的工作就变得非常轻松了。老公不在家时，这里便成了
邮件和一些小物件的临时保管场所。这个抽屉的好处在
于东西易找、整理方便。

推荐您准备一个可
以暂时存放物品的
自由空间。

自由支配空间

自由支配空间是我家的必备场所。当意想不到的物品有
所增加，又无处收纳时，有这样一个可以自由支配的空
间非常方便。另外，像换季或过年这种比较难以确定物
品数量的时候也能派上用场。

轻松地打印标签

在规定物体的固定摆放位置时，若有一台输入文字便能打印出标签的打码机会非常方便。一旦收纳箱中的物品发生变化，便可同步更换标签，立马进行操作。

1

把打码机放在可以随时拿取的地方

如果不把打码机放在随时可以拿取的地方，人就会不自觉地把打标签这档子事挪后，所以我将打码机放在橱柜的开放式架子上随时待命。把打码机放在容易看见的地方，就能立刻打印。

3

有白色标签和透明标签即可

我家的打码机标签宽幅的可供选择范围较大，颜色选择也很丰富，不过现在我家都是统一使用9毫米宽的白色标签和透明标签。

2

电池的妙用

因为家中的任何地方都会用到打码机，所以我不用电线而采用电池。光是不用电线这一条，就能使打码机的使用方便不少！从打码机买回来到现在已经超过6年了，它至今还没有换过一次电池。

Tidying up my
DINING
餐厅

🦢 简单生活的物品选择

适合懒人的就近收纳技巧

　　餐厅里收纳的基本上都是我自己要用的物品。比如摆放在书桌里的又细又长的文具、裁缝工具、古布等。

　　我坐在餐厅一侧的桌子前工作的机会比较多，所以我会把自己专用时间里经常用到的物品放在触手可及的范围之内。坐在餐厅一侧时，既可以远远看到客厅和房间，又可以一边关注孩子们的动向一边工作，很是让人放心。现实生活中，能轻轻松松地待在客厅里的时间很少，而餐厅里的餐椅已经变成了一个令人心情舒畅的地方。还有挂在墙上的穿衣镜及日历，我都优先考虑了它们所带来的舒适性和惬意感。

　　餐厅是一家人围着餐桌热热闹闹吃饭的重要场所，不过对我而言也是实现"自我探求"的重要场所。

带抽屉的写字台

贵重物品的便利收纳方法

首饰：这样收纳丢不了

小抽屉里采用的是带丝绒座的亚克力收纳盒组合。穿衣镜就安装在旁边的墙壁上，首饰的佩戴和摘除多在餐厅进行。

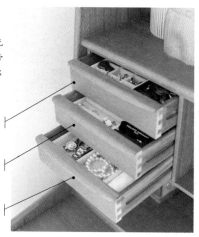

第一层 在这些格子中存放我丈夫的装饰袖扣和我的胸针等。

第二层 在这些格子中存放耳环、项链和戒指。

第三层 手表、手镯、保养用的擦拭布和刷子也一起放在里面。

白色收纳盒

这里存放着便携式电池、充电数据线和我的旧苹果手机。电线之类的东西我基本上都放在插座附近的固定位置。

记录自己的收纳秘笈

我经常会在意想不到的时候冒出各种想法，比如想把这里变成这种风格，再比如把这里改成哪样会更方便，等等。不过如果只是在脑子里想想而已，那么这些念头有时会在收拾孩子泼洒出来的饭菜时被忘得一干二净。于是我引入了"写下来"的模拟手法。这种方法让我可以在脑子里思路清晰地进行归纳。

②
开放式架子

将琐碎物品藏起来

彩妆用具都放在篮子中的化妆包里。篮子上面盖上一块我所钟爱的北欧复古布用以防尘。只要从开放式架子上拿下化妆包，我就能立刻对着镜子化妆。

规定彩妆用具只放在化妆包中。

悄悄给电动自行车充电

从篮子中拉出电线，插入插座就算准备完毕了。在篮子中就能把电池组装好，所以不需要再把充电器拿进拿出。充电完成后，不要忘记把电池拿到玄关处。使用完后在充电器上盖块布，再将篮子放回原来的位置即可。

充电中。

在有限的时间里画上最精致的妆容

在有自然光映照的餐厅里，一边关注孩子的动向，一边化妆成了我每天的必修课。安装在餐厅墙壁上的穿衣镜既可以用来化妆，又可以用来检查出门前的仪容仪表。那里离我放首饰的地方也很近，拿取十分方便。

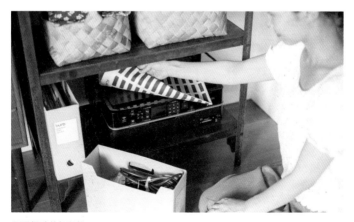

不用挪动的打印机

最近打印机的使用频率很高，所以我把它放在方便随时启动的地方。这个地方不用挪动打印机，就能直接接线打印。打印机的各种电线、打印墨盒、照片纸等配套物品我都统一集中放在旁边的文件盒中。用完打印机后，在机子上盖一块防尘布即可。

Tidying up my
ROOM

壁橱

房间中的壁橱与客厅相连，为了达到壁橱的最佳使用效果，我每天都在摸索最便捷的整理收纳方法。孩子们出门前的准备工作也是在这里完成的。

① 过季的儿童衣物

布帘开关时多会占去最右侧的空间，所以我会把拿取频率最低的物品收纳于此。

② 上下六层开放式收纳架

一个动作就能随意拿放非常方便，也非常适合用来摆放帽子，是收纳夏季物品的最佳场所。

③ 进深较深的抽屉摆放处

只要三个壁橱专用收纳箱就能大幅提升收纳能力。箱子顶部可以放置日常使用的大型手提包。

用收纳箱打造内部隔层

　　每当有客人来访时，会有很多机会打开房间里的壁橱。为了不暴露收纳箱中的物品，我会在透明的抽屉前插上一块白色的塑料板。我先在建材超市买来大块的白色塑料板，然后用切割机切割成合适的大小。虽然这样做有些费时，不过这一次性的工作能使抽屉看起来清爽无比。

起到遮挡的作用。

④

出行必备品和工具的收纳方法

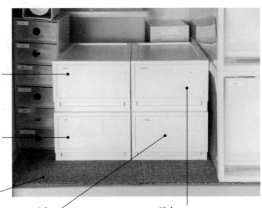

短袜
我的袜子全都放在这里，一有破损便能即时更新。

工具
收纳用于更换孩子玩具中的电池及调整孩子座椅高低的整套工具。

地毯
铺一条薄款的地毯，既能防滑，又能保持地面清洁。

手巾
在房间里做出门准备的机会较多，所以放在这里很方便。

纸巾
盒装纸巾和便携式湿巾纸的收纳场所。

 ⑤

个别物品拒绝混搭

镊子
镊子和钳子。如果将镊子和钳子与别的物品摆放在一起，极容易互相缠绕难以拿取，所以就专门设置了这个存放场所。

指甲钳
丈夫专用指甲钳。自从有了指甲钳的专门存放地点，就再也没有听到丈夫询问"指甲钳放在哪里了"。

耳机
丈夫的耳机。将容易缠绕在一起的耳机单独存放，拿取时就不会有心理负担了。

笔类
经常用到的签字笔、彩笔等就放在这里。

缎带
缎带容易缠绕在一起，也容易散开，所以放在小抽屉里很方便。

扎带
捆扎电线时使用的扎带，在百元店中有售。

丈夫专用的小抽屉

以前，像指甲钳、耳机这类东西都是随手扔在丈夫专用的大抽屉里的，但是因为经常需要在大抽屉里找来找去，所以后来干脆就把这类小物品固定放在这些小抽屉里，这样拿取时便可一步到位了。

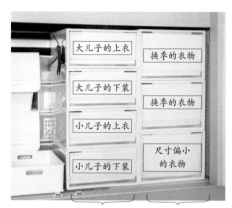

每天要穿的衣物　　过季的衣物

⑥

将孩子们的衣服归类收纳

布帘开合时多会占去最右侧的空间，所以我在最右侧摆放了一些过季的衣物。如天气稍稍转凉时再穿的衣物、气温过低时罩在外面的衣物等等。左侧的4个塑料箱只放经过严格筛选后每天上学时要穿的套装。右下角的箱子里放的是尺寸偏小的衣物。等到衣物放满时就会廉价卖掉或拿去跳蚤市场。

⑦

孩子们的换装区

我在橱柜的最下方设置了一个孩子们自己换衣服的区域。设置这个区域的目的在于提高孩子们的自理能力，能够自己完成上幼儿园前的准备工作。自己做好外出前的准备很重要，我还希望孩子们能掌握回家后自己整理收拾的本领。我想了很多便于让孩子们独自打理的方法（具体参照第四章）。

自己一个人也可以做到。

Tidying up my
WASH ROOM
洗脸台

我家洗脸台的上方一半以上都是镜子，所以如果洗脸台周围收拾得很干净则会锦上添花，反之则会乱上加乱。

为了方便擦拭易被弄湿的洗脸盆，平时洗脸盆的周围除了洗手液是不放任何东西的。

合理划分物品存放空间

开放式!

开放式!

我的空间　公共部分　丈夫的空间

中间是我和丈夫的公用空间，主要摆放纸巾、棉片和棉棒。如果把密胺海绵放在看得见的地方，那么搞起卫生来就比较方便了。

学会控制收纳物品的数量

　　只要做到急用时也能快速拿取，用完后又能马上放回去，洗脸台上就不会堆满东西。因此我不会把所有的空间都塞得满满当当，而是始终保持着容易拿取的状态。左侧是我的专用区域，我会放一些基础化妆品、指甲油和香水之类的东西。发胶、发蜡只用自己认准的牌子，所以各放一瓶就足够了。如果不买这买那地增加物品，就能保持收纳空间的清爽整洁。我还会在不用踮脚、伸手可及的地方集中摆放我每天都要使用的物品。

无印良品的收纳神器

利用抽屉和文件盒将物品分门别类地进行收纳。

旧毛巾
放在带盖子的箱子里，搞卫生时使用。

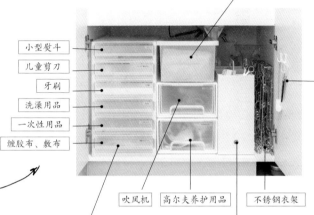

小型熨斗
儿童剪刀
牙刷
洗澡用品
一次性用品
缠胶布、敷布

吹风机　高尔夫养护用品　不锈钢衣架

香波瓶专用海绵和剪刀
为了做到拿取一步到位，我将海绵和剪刀挂在挂钩上。

牙刷等备用品
备用品分别放在 6 个无印良品的浅抽屉里，十分便于管理。

试用品
在无印良品的文件盒上叠放一层这种可拎式的收纳盒（carry box），放在里面的试用品就很容易被发现，从而能被优先用掉。

上层

下层

家庭备用品
丈夫买来的大容量入浴剂及香波护发素的备用品各两袋。我将它们各自分装在容器中放好。

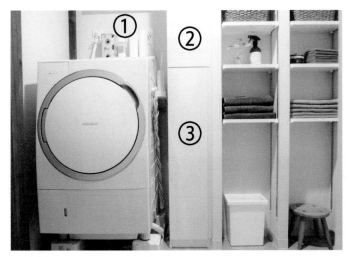

洗衣机周边的就近收纳原则

考虑清楚哪些东西适合放在外面，哪些东西适合收纳起来，合理的配置会使洗衣工作变得轻松便捷。

随手拿到洗衣粉

洗衣粉、柔软剂摆放在架子上的位置是固定的。因为这些东西每天都会用到，所以收纳时优先考虑其使用的便利性。放在外面的物品都采用最简外包装。从7–11便利店买回的洗衣粉剥去外包装后，都成了纯白色的塑料瓶。再买一些大容量的替换装洗衣粉，一旦用完，便可补充。

干燥剂

左边的罐子中放的是干燥剂（硅胶）。可放在湿气较重的地方。

洗衣粉和柔软剂

1是洗衣粉，2是柔软剂。

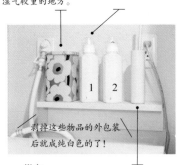

剥掉这些物品的外包装后就成纯白色的了！

墩布

在洗完衣服弄干后，可用来去除洗衣机上的灰尘。

②

说明书贴在橱门内侧

洗衣机一买回来，立马把贴在洗衣机上的说明标签揭掉。只把可供今后参考的部分贴在橱门里侧，这样需要时就可以轻轻松松地看一遍。

用篮子收纳，既美观又易拿取
我找到了尺寸大小适合的篮子放在这个架子上。里面放的是洗衣网袋。

③

收纳洗完澡后需要马上更换的衣物

灵活利用进深合适的储藏柜，在这里放上夫妻俩各自需要替换的衣物。

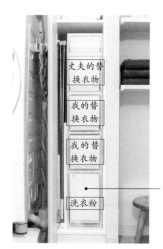

丈夫的替换衣物

我的替换衣物

我的替换衣物

洗衣粉

改装版大容量洗衣粉
这里是存放洗衣粉和柔软剂备用品的地方。分装工作可在洗衣机前进行。

Tidying up my
KITCHEN

厨房

🍃 舒适生活的小绝招

做到每晚厨房柜台上都空无一物

始终保持厨房柜台上空无一物，是保持舒适生活的秘诀所在。这里所说的始终保持并非是指一天 24 个小时都不能在厨房柜台上摆放任何东西，而是必须在一天的终了时分将柜台上的所有东西都归放原位的意思。只要确保所有的物品都有固定的存放位置，那么收拾整理就不需要很多时间。

我们家都是尽可能在晚饭后收拾碗筷时将柜台上的物品以及餐桌上的物品放回原位的。桌子上空无一物，搞起卫生来自然轻松，只要在柜台和餐桌上喷上杀菌喷雾剂擦拭干净即可。柜台搞得干净，第二天早晨就能开开心心地开启新的一天！动力的开关就在这里！

组合灶具抽屉的使用方法

我家用的是松下的组合灶具。水槽下方收纳着用水场所中需要用到的物品和各种袋子。

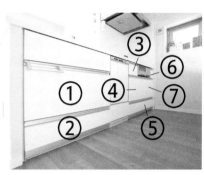

有效利用水槽正下方的深度空间

这里的抽屉最深，可以将有点高度的物品都放在这里。

毛巾
厨房中会用到两种不同尺寸的毛巾，我把它们集中摆放在文件盒中，想用新毛巾的时候一下就可以拿到。

擦手用毛巾
白色的是擦手用毛巾。这种毛巾的长度适中，即便挂在把手上也不会影响到下层抽屉的开关。我家用的是宜家家居的AFJARDEN（产品型号）客用毛巾。

儿童牙刷
孩子们睡觉前，我会让他们横卧在客厅的地毯上给他们刷牙，所以牙刷就放在了客厅的抽屉里。刷完牙后我会在厨房把牙刷洗干净，放在沥水架上沥干。

大米
右手打开抽屉，左手开启米罐盖（那种一按就可以开启的米罐），再用右手把米舀到放在水槽中的煮饭锅中，一共三个步骤。这种收纳方式可以让我在最短的时间和距离内完成淘米。

这样整理袋子不会乱

塑料袋可以使用硬质网格文具袋和文件盒帮助收纳。按不同的类别竖着收纳时，拿取比较方便。这种网格文具袋三边都装有拉链，三边拉开后装袋非常轻松。另外，它除了收纳袋子之外还有很多其他用途。网格材质的文具袋只要简单一压，就能将内侧的空气排空，这也是它的优点所在。

小号塑料袋

密封塑料袋（大、小）

L 号（大号）超市购物袋

45升垃圾袋

若在文具袋中的袋子之间插入同等大小的厚纸，就能使袋子始终保持挺括，便于抽取。

②

在最下方的抽屉里存放容器和儿童餐具

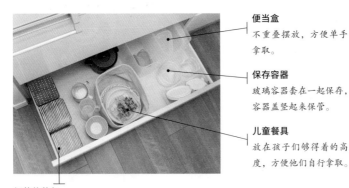

便当盒
不重叠摆放，方便单手拿取。

保存容器
玻璃容器套在一起保存，容器盖竖起来保管。

儿童餐具
放在孩子们够得着的高度，方便他们自行拿取。

红茶的茶包
罐中存放着棒状饮料和别人赠送的红茶等。

③ 烹饪台只收纳必需品

烹饪台不仅收纳厨房工具，也收纳厨房纸巾、牙签和夹子等物品。

多功能切菜器

一把多功能切菜器配有 4 枚不同的刀片，具有多种功能，是一种既省空间又很方便的神器。

牙签

用圆形烛托来存放牙签。

削皮器的备用刀片

削皮器的备用刀片和削皮器一起竖放在笔筒里。(聚丙烯刷子、笔筒，购于无印良品)

厨房纸巾

我家的厨房纸巾采用的是抽取式包装，为的是单手也能很容易地将纸巾一张张地抽取出来。塑料袋装的抽取式包装比较轻，形状也小巧紧凑。只是当塑料袋中的厨房纸巾剩下很少几张时，一抽纸巾就会连带着整个塑料袋一起被抽上来，所以我们才把它放进空的纸巾盒中使用。

购入塑料纸包装的厨房纸巾。

将纸巾放在空的斯科蒂 (scottie) 餐巾纸盒中。从上面看只能看到白色的一面，看着很舒服。

④ 炒菜的必备工具都集中收纳在一起

就在 IH 烹调加热器的旁边有一个较深的抽屉。抽屉里面用两个文件盒分隔出两个格子，格子里竖放着两种不同的平底炒锅，要用的时候便可以轻松拿取。

平底炒锅
两款不同型号的特福（Tefal）炒锅。
平底锅有深有浅，可根据情况灵活选择。

厨房用具
炒菜时要用的锅铲、烹饪勺可以连同整个盒子拿出来。色拉油和两种炒锅的锅盖也放在这边。

平底炒锅就放在炉子附近。

锅盖放在这里。

⑤

将洗涤剂分装在方形容器中

重新灌装后的洗涤剂不仅开合便捷、易于使用，而且方形容器可以减少抽屉中的死角，收纳起来十分便利。

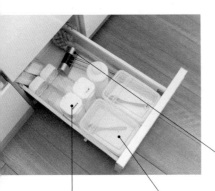

氧漂剂、柠檬酸都分装在从百元店买来的调味瓶中。去污膏分装在无印良品的灌装瓶中。

洗碗机洗剂和小苏打装在从百元店买来的调味料盒子中，放上勺子随时候命。这些容器都是一按即开即关式的，使用起来非常方便。

将磁性毛巾架吸在炉灶的风斗①上晾干抹布。但是因为这里与客厅相连，所以得注意不能晾在那里一直不收。

① 风斗：为排烟或去除异味等而装在天花板或墙壁上面的换气装置。——译者注

⑥ 为狭窄的空间配上合适的容器

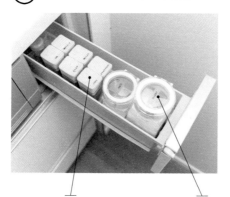

尺寸合适的收纳容器能有效提高收纳能力

我非常想在这个抽屉里存放糖和盐，所以我找了不少合适的收纳容器。我把糖分装在诺尔克牌方形瓶500中，盐分装在方形瓶300中。另外，将可以常温保存的调味料也一并排放在这里。

不会产生缝隙的方形容器

我统一使用 sarasa design store（品牌名称）的容器来分装调味料。这些容器都是方形的，尺寸刚好能与抽屉相吻合。为了在拉抽屉时不使抽屉内的容器晃动，我特意把它们竖放在无印良品的物品整理托上。

用不同尺寸的容器区分糖罐和盐罐

盐罐和糖罐上虽然贴有标签，但一一确认太过麻烦，所以就用不同尺寸的容器分装，这样一眼就能分辨出哪个是盐、哪个是糖。

在容器上贴上开封后的保质期限。

从左到右依次是胡椒盐、五香粉、肉豆蔻、鸡骨高汤、荷兰芹和黑胡椒。能够常温保存的就这么几种，其他的都放在冰箱里。

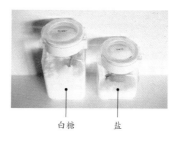

白糖　　盐

在糖罐和盐罐中放了一把小木勺。偶尔瞧见的时候还会觉得好可爱，令人心情愉快。

⑦ IH 烹调加热器的正下方存放锅、
调味料和清洁喷雾剂

　　IH 烹调加热器下方的抽屉里主要收纳各类锅具。由于正下方抽屉的深度不够，平底炒锅竖着放也放不下，所以就放在隔壁抽屉里了。

锅
只要用上文件盒和隔板，一个动作就能完成锅的拿取。这里我也用上了我的最爱——无印良品的文件盒。

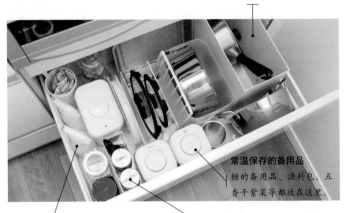

常温保存的备用品
糖的备用品、汤料包、五香干紫菜等都放在这里。

厨房的清洁用具
厨房清洁要用的喷雾剂。放在这里方便随时清洁 IH 烹调加热器。

告别滴漏的首选容器
怡万家（iwaki）的细口注头油瓶不会产生滴漏。这款玻璃容器耐热性强，可以直接放在洗碗机中清洗，还容易保持清洁。

使用无印良品的丙烯树脂收纳箱，拿取特别方便
芝麻油、橄榄油、特福不粘锅的锅柄依次并排竖放在无印良品的丙烯酸树脂隔板里。芝麻油和橄榄油都分装在怡万家的防滴漏油瓶中。

常温保存

放在IH烹调加热器下方、常温保存的物品

糖（备用品）、汤料包和五香干紫菜储存在奥秀（OXO）矩形储物罐中。这种储物罐拿取非常方便，轻轻一按就能打开。

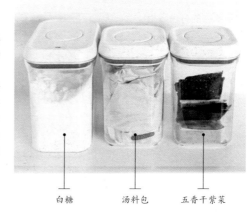

白糖　　汤料包　　五香干紫菜

单手一按即能打开的设计非常便利

这款奥秀储物罐是一种简便和密封性极强的容器。我家用的一律都是这种容器。

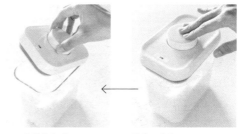

一只手就能打开。　　单手一按即可。

冷藏保存

保存在冰箱中的物品

面粉、淀粉、面包粉、芝麻、裙带菜也都分装在奥秀矩形储物罐中。叠放在一起也很方便，我都是将它们放在冰箱中的固定位置的。

宜家家居的白色碗柜

我家的碗柜采用的是宜家家居的MOTOD（产品型号）系列。这一系列的橱柜、抽屉、门板都可以自由组合，我家是在兼顾节约的同时，按照厨房的空间大小选择橱柜并自行组装的。

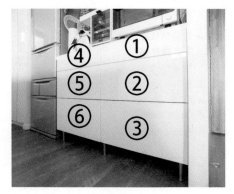

木制餐具

之所以把柚木餐具分开收纳是为了防止我以外的人用完后将它们长时间浸泡在水里。

摆置少量的作家器皿①

我家收纳日式餐具，如少量的作家器皿。因为抽屉很浅，只能叠放2—3个盘子。这样想用的时候就能一下拿出来，非常方便。

大盘子放在这里

这里收纳着直径为21—26厘米的大盘子。前面的空余空间里放着些吃刺身时用的小碟子和柚木餐具。

---

① 日本匠人作家制作的工艺品。——编者注

面类、海苔、
麦茶、速食品

罐头、备用品　　　　　　　　　水壶

水壶和备用品

　　在抽屉的左右两侧各放一个无印良品的文件盒，就可以分门别类地进行收纳了。

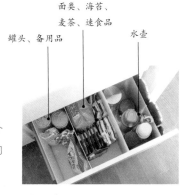

餐具放在无印良品的隔板托盘中

　　如果每样东西都能隔开归类存放，就不容易弄乱，拿取也很方便。

儿童餐具

为了方便孩子们自己做好用餐准备，就把孩子们要用的餐具放在抽屉的靠前位置。

根菜类和点心

　　面包、点心等每天都会拿取的物品就放在这里。

根菜类

在无印良品的文件盒中铺上报纸，再放根菜类食品。

备用品

茶泡饭的原材料、干松鱼等小包装食品调料。

⑤

将常用的盘子成套摆放

　　使用频率最高的餐具集中摆放在同一个抽屉里。因为有孩子在，时常会没有充足的时间来慢慢挑选餐具，这种时候采取这样的收纳方式就很省力。随着季节的转换使用的餐具也会发生微妙的变化，所以每到换季的时候都会做些调整。

一下子就能摆好！

把餐具瞬间摆好的诀窍

将饭碗、汤碗、布菜碟、小钵、色拉碗这类经常用到的餐具成套摆放在一起。如果碰上特别匆忙的日子就不会把餐具一一摆放得很漂亮，而是直接把主菜放到大盘子里端上餐桌。

洗完后的餐具基本都放在同一个抽屉里，这样移动的路线最短，人也很轻松。这些虽然都是小细节，可每天积累一点就是项大工程了。

洗好了！

餐具洗干净后放在水槽的沥水架
上沥水。

水槽正下方的抽屉里放上擦餐具
用的毛巾，随时候命。我家不用
抹布，用的都是无印良品的厚
实毛巾。因为这种毛巾吸水性很
强，使用起来非常方便。

洗干净的餐具放在毛巾上比较容
易干，所以在排好餐具后等待的
时间里，可以先去做其他的事情。

将盘子迅速归位的小窍门！

　　盘子洗好后如何整理归位
是件很麻烦的事。正因为如此，
我才要思考怎样才能在最短的
时间里洗好盘子并全部归位。

留有水分就擦干。

一回头就是收纳餐具的抽
屉，这便是轻松的关键。

始终保持厨
房柜台上空
无一物。

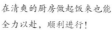

在清爽的厨房做起饭来也能
全力以赴，顺利进行！

Tidying up my
HALLS

走廊
防止物品泛滥成灾的
小窍门

最上面的一层放了无印良品的宽型文件盒。上面数下来的第二层用的是 buro 牌文件夹。第四层的右边两列放的是无印良品的聚丙烯收纳箱（深款），左边一列是 Favore nuovo 牌小号箱。第五层的右边两列放的是无印良品的聚丙烯收纳箱（浅款），左边是无印良品的宽型文件盒。第六层放的是宜家家居的篮子。

丈夫的照片
照片数据资料
结婚典礼相关资料
游戏机
①

书
杂志
乐谱
②

③

布包
药品
信件
细绳
胶带等包装材料
⑥

打码机相关用品
文件
存储器
纸质餐巾
信封
邮票
笔记用品
DVD
⑦

④

带去娘家的东西
带去婆家的东西
⑤

舒适生活的小绝招

　　走廊上集结了很多不是每天要用、而一旦要用马上就能拿到的信息资料及工具等物品。考虑到拿取资料的便利性，我们拆除了柜门。为了保证视觉上的舒适效果，我们还在确定各种物品的固定摆放位置上花了不少功夫。

　　使用文件盒和抽屉作为收纳工具，自然就能控制每种物品的数量。一旦物品多得无处可放，就意味着重新审视内部物品的时间到了。这样既能防止无意间增加一些无用之物，还能减少重要物品混入的概率。

把使用率最低的物品放在最上层。

　　像婚礼相册、朋友给做的相册等大小不一的物品、游戏机之类部件较多的物品也可以通过使用文件盒，将空间格局变得清爽划一。

丈夫的照片　　**照片数据资料**　　**结婚典礼相关资料**　　**游戏机**

② 规定的空间里只存放规定的数量

将不同种类的书或者杂志分别放在不同的文件盒中保管，并且规定每个文件盒的保管数量。一旦规定了数量，买书的时候就会比较慎重，想改变保管方式时也不易弄乱。

buro 牌文件夹不用时，还可折起来竖着保管，非常方便。

省空间。

书、杂志、乐谱

③

在篮子里放些木制杂货并放到架子上

不在架子上塞满东西，而是在高于视线的那层架子上放两个篮子，留下少许余白。

白桦木等木制杂货。

这个篮子中收纳了装饰玄关和厨房的装饰物品。

④

将大人和小孩的 DVD 分开放置

客厅电视柜的最下层放的是孩子们爱看的 DVD，而我和丈夫喜欢看的爱情 DVD 则保管在这里的文件盒中。

⑤

专门设置一个去父母家时需带物品的收纳场所

架子最下层的宜家家居篮子里放着我和丈夫回父母家时要带的行李。有时候从父母家回来，为了装些食材，父母会让我们带个特百惠的便当盒。若是能把这类东西洗干净后放在这里，那下次去的时候就不会忘记了。最好再在里面放一个空的大尼龙袋，那样出门时就可以直接拎走了。

⑥ 从上面数下来的第四层是收纳布包、信件、药品、绳子、各种胶带等包装材料的地方。

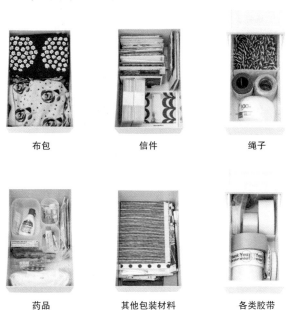

布包　　　　　　　信件　　　　　　　绳子

药品　　　　　　其他包装材料　　　　各类胶带

⑦ 第五层放的是打码机相关用品、纸质餐巾、文件、信封邮票、存储器、笔记用具等物品。纸质餐巾既可以用来做包装材料，也可以在拍卖时充当赠品。

打码机相关用品　　　纸质餐巾　　　　文件　　　　信封、邮票

无印良品的相册
说明书
住房相关资料

托盘
寿司桶
卡式炉
储气瓶
做章鱼烧的机子
铁板烤炉

杂货
精选的纸袋
大信封

丈夫的随身物品
去跳蚤市场用的纸袋
吸尘器

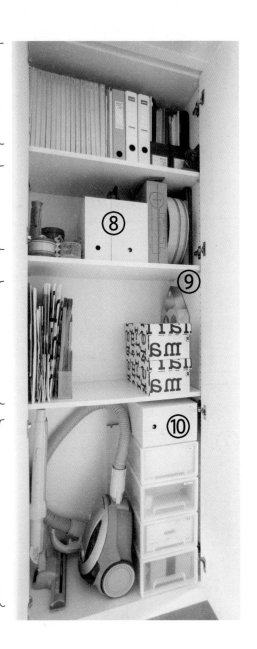

⑧ 把平时不用的烹饪器具竖起来存放

做章鱼烧的机子放在文件盒中大小正好。这机子是圆形的，竖起来存放比较困难，不过只要放进这种文件盒中就能自成一体了。

> 这些物品本来是想放在厨房的，但是考虑到它们的使用频率不高，所以放在这里就足够了。

⑨ 收纳纸袋时应规定大小和数量

把纸袋像书一样竖起来摆放，既可以迅速知晓纸袋的大小，又可以在需要的时候马上拿取。纸袋的封边一律靠右，这样就不会因为纸袋和纸袋缠在一起而焦躁不安了。我留下来的基本上都是玛丽马克的纸袋。如果能把纸袋限定在自己心仪的品牌中，那收纳时就能做到整齐划一。除了很想留下的纸袋之外，其他的纸袋都在带回家的当天处理干净，暂时想留下的东西嘛……没有。不及时处理多余纸袋的后果就是在事后的整理和分类的工作上花费很多时间。

⑩ 无印良品的文件盒还可以横躺着使用

在无印良品的文件盒里收纳着很多去跳蚤市场要用的纸袋。把文件盒横躺着摆放，外观看着也非常清爽。

Tidying up my
CLOSET
衣橱

🔖 简单生活的物品选择
按季节打造有品位的衣橱

　　每到换季时，我都会重新审视自己的衣柜，然后只留下那些能穿出当季个人品位的衣物。过季的衣物我会放在卧室的橱柜中，而平时使用的衣柜中只收纳当季可以穿的衣物。因为衣柜在房间的入口处附近，柜门和房门容易相互干扰，所以使用起来很不方便，考虑到衣物拿取的便利性，我卸去了柜门，把它改装成了敞开式衣柜。就算没有满满一衣柜的衣服，只要认准了适合自己的风格，就能尽情享受到当季的时尚装扮，这才是较为理想的状态。

衣橱规则 001

玛丽马克的条纹连衣裙

自从大儿子出生后，"哗啦哗啦"洗衣服时穿着舒适的棉质衣服就成了我的新宠。

这种棉质连衣裙就算弄脏了也容易清洗，又是七分袖的，外面配上不同的外套便可以四季通用。连衣裙上没有印花图案，多洗几次也不会褪色，A-line 品牌设计 ① 总给人以纤细窈窕的奇特效果。

我的这三款连衣裙尺寸大小各不相同，穿法多样。最前面的黑白条纹款连衣裙尺寸较小，可当紧身束腰服穿；蓝白条纹款较长，既可以当紧身服也可以当连衣裙。藏青米色条纹款连衣裙尺寸偏大，穿着给人以宽松飘逸之感。这几款连衣裙成了我育儿过程中的必备装束。

衣橱规则 002

用编织包突出简洁搭配

藤竹编织包也是简洁搭配的重点所在。为了方便搭配我准备了多个大小不同的编织包，它们可以一个个套在一起，非常紧凑。价格实惠的物品也能给人带来欣喜。

---

① A-line skirt，是指由腰部至下摆斜向展开呈"A"字形的裙子。——译者注

衣橱规则 003

始终精选并拥有一件可以百搭的衣物

　　为了不让衣服多得塞满整个衣柜，我总是对衣物精挑细选，选择一些可以有多种搭配的衣服。下面我向大家介绍其中的三种搭配。

①

DENIM
EASY PANTS

牛仔休闲裤

因为裤子每天都要穿，所以我会选择质地柔软、穿着舒适的好款型。像长裤裙这种外形宽松的裤装，也非常适合在骑自行车的时候穿。

规则 01 × 白衬衫

　　以宽松的休闲裤搭配白衬衫既简单又不失成熟感。

　　搭配的亮点在于带花色的挎包上。

　　我常在接孩子时挎着的这款小型单肩包就是玛丽马克的产品。

　　旅行时，在这款小型单肩包里装个照相机走走拍拍很方便，大小也挺合适。

T 恤：TOMORROWLAND（日本服装品牌）

休闲牛仔裤裙：URBAN RESEARCH DOORS（日本服装品牌）

　　包：玛丽马克

规则 02 × 条纹衫

圣詹姆斯（SAINT JAMES）的条纹衫是基本款型。

这款条纹衫略带瘦身效果，贴合身型，就算配条比较宽松的长裤也不显土气。

玛丽马克的这款布包折叠后小巧轻便，不占空间，是旅游远行时的必备之物。

这款略带个性的布包是非常适合与简约款的衣服搭配在一起的。

上装：圣詹姆斯
下装：URBAN RESEARCH DOORS
包：玛丽马克
鞋子：丽派朵
手表：卡西欧（CHEAP CASIO）

规则 03 × 蕾丝衫

夏天，穿上清新怡人的蕾丝衫既凉快又舒服。只要你避开过于纤细的蕾丝花样，选择相对结实的蕾丝款式，就无须在打理方面特别小心了。再配上一双红色的芭蕾时装鞋，偶尔也可以展现一下女性的柔美。

多年的珍爱！
我一直对自己喜欢的鞋子精心呵护，多年来穿它时都格外小心。

上装：IENA（日本服装品牌）
下装：URBAN RESEARCH DOORS
鞋子：丽派朵（REPETTO）
包：EBAGOS（日本包品牌）

②

GINGHAM
CHECK SHIRT

格子条纹衬衫

我选了一款就算穿在上衣里面也不会耸起的、伸缩性较好的衬衫。衬衫呈清爽的蓝色，夏天可以对付过冷的空调，就算当短外褂穿也不会觉得闷热。如果冬天在外面套件针织衫，就可以四季通用了。

规则 01 × 白喇叭裙

我选的衬衫尺寸略微偏小。为了给人以清爽的感觉，我会把领口的第一颗纽扣解开，并把袖子翻卷后捋上去，露出手腕。如果衬衫是细长款的，那么把它塞进裙子里，腰间也不会耸起，显得清爽干练。我感觉只要过膝喇叭裙的裙摆不过于宽大，就能很好地掩饰体型上的缺陷。因为喇叭裙的材质是很舒适的牛仔布料，且富有弹性，所以就算是白色的也不用担心走光，这点着实令人欣喜。

衬衫：无印良品
喇叭裙：Titivate（日本潮流服饰品牌）
包：里昂·比恩（L. L. Bean）

规则 02 × 黑色锥形裤

　　格子条纹衬衫配上黑色锥形裤，一身利落清爽的搭配。偶尔再配上一双高跟鞋，就能给人以职业干练的感觉。上身罩件开襟毛衣或是披个披肩，多多少少会给人以柔美之感。虽然搭配很简单却变化无穷。一个人外出时，配个小小的藤织包就足以搞定随身物品，至少皮夹、苹果手机、迷你手巾、餐巾纸、小钱包之类的东西是够放的了。

衬衫：无印良品

裤子：JOURNAL STANDARD（日本休闲服饰品牌）

规则 03 × 白衬衫 × 白色牛仔裤

　　蓝色格子条纹衬衫也可以扎在腰间，成为白色衣裤搭配时的亮点。

　　稍大的藤织包搭配上轻便的运动鞋，也适合去公园游走。

　　搭配简单的 T 恤时，可选择下部微张呈喇叭状、能体现女性线条的 T 恤款式。白色牛仔裤最好稍稍卷上一些，露出脚踝。酒椰叶纤维做成的可折叠型遮阳帽可以折小了收在包里。

T 恤：TOMORROWLAND

白色牛仔裤：实惠款（乐天）

衬衫：无印良品

鞋子：阿迪达斯（Adidas）

遮阳帽：海伦·卡明斯基（Helen Kaminski）

3

WHITE BLOUSE

白衬衫

后部稍长，衣型略显宽松飘逸，可以很好地掩盖臀部缺陷。我比较喜欢背部设计有特色的上衣。

规则 01 × 塞布丽娜格子布紧身裤

这款紧身裤我穿了好多年。能穿出素雅整洁的感觉，所以在什么场合都可以穿。

上衣：FRAMEWORK（日本潮流品牌）
长裤：IENA
包：ORCIVAL（法国品牌）

规则 02 × 黑色锥形裤

这种带褶子的黑色长裤有着恰到好处的宽松线条，腰间带有松紧带，穿着非常舒适。与白衬衫搭配在一起，给人以高雅之感。简单搭配时，配上一些有亮点的包或者鞋，可以尽情享受配色的乐趣。

上衣：FRAMEWORK
裤子：JOURNAL STANDARD
包：无品牌、已陪伴我 10 年之久
鞋子：丽派朵
手链：菲利普·O 日面纱（Philippe Audibert）

规则 03 × 阔腿牛仔裤

白衬衫搭配牛仔裤也很清爽，我喜欢这种透着女性色彩的着装感觉。在轻便运动鞋搭配帆布包的休闲日子里，为了避免沦为"爸爸装束"，我会注意把头发朝上梳盘成发髻的同时配上一对大耳环。

自从开始带孩子之后，我就慢慢变得重视清爽搭配并购买穿着舒适、行动方便的牛仔裤。

上衣：FRAMEWORK
牛仔裤：YANUK（日本品牌）
包：玛丽马克
鞋子：匡威
耳环：无品牌，1 500 日元

我家的爱用品

忙碌的日子里，看上一眼北欧餐具就能让人心情愉悦

物品 01

伊塔拉牌马克杯

五彩缤纷的马克杯。多人聚会时也能一眼分辨出杯子的主人！

物品 02

Arabia 牌咖啡杯

我家茶杯众多，咖啡杯却只有这么一套。杯托有时可以用作小碟子。

物品 03

GUSTAVSBERG 牌餐具

形状有些奇特的复古盘子，就算放在碗架上作为装饰品也很可爱。

物品 04

Arabia 牌古老的蛋糕碟子

到底该用哪个才好呢？——连选择花纹和颜色也成了一种愉快的享受。可爱却不失简洁，即使是不同的花色摆在一起也很匹配。

物品 05

Arabia 牌碟子

电影《海鸥食堂》中和饭团子一起出场的碟子（型号：24h Avec plate）。这是我向往北欧生活而买的有纪念意义的餐具。

物品 06

伊塔拉牌玻璃杯

比起纤细易碎的玻璃，这种大玻璃杯的材质更为结实，使用起来更让人放心，所以我很喜欢。而且这个杯子嘴唇贴上去的感觉很好，颜色也很漂亮。

第三章

清洁顺口溜，打扫起来事半功倍

comfortable life

Start with simplicity

清洁工具选得好，轻轻松松把家扫

　　厨房卫生用这个！清洁洗衣机用这个！——在我家里并没有配备各个家具的专用清洁剂，而是选择了可以搞好家中所有卫生的万能清洁用品，这样既方便又节省空间。只要掌握了这些物品的使用方法，就能够做到真正的整洁干净！

物品 1

Pasteuriser77 喷雾消毒液

　　这是一款用途广泛、使用放心的食品直接喷雾消毒液，可以用来除菌、防霉、防臭和保存食品。每当到了食物容易腐坏的季节，我都会在孩子的饭盒中喷上这款消毒液后再装菜。

▶ *厨房柜台*　▶ *餐厅餐桌*
▶ *冰箱内部*　▶ *水龙头*

物品 2

BLITZ 牌厨房纤维布

　　用于厨房清洁。吸水力超强，可以即刻应对孩子们泼洒出来的饮料。易干卫生，如果选择白色的纤维布还容易发现污渍，便于除菌漂白。

▶ *厨房柜台*　▶ *餐厅餐桌*
▶ *冰箱内部*　▶ *IH 烹调加热器*

物品 3

小苏打

　　如果能把小苏打溶解在水中后作喷雾，去油污的效果就会很好。往有焦渍的地方撒上小苏打，用揉圆了的保鲜膜搓几下便可以去除。

▶ *厨房（去除不锈钢锅上的焦渍，用小苏打擦拭后锅变得锃亮）*
▶ *浴室*　▶ *窗户边框*

物品 4

柠檬酸

柠檬酸可以用来去除水槽中的水垢，擦洗浴室中的镜子，清洁电平底壶的内壁，使用后能让它们变得闪光锃亮。

▶用水场所的水垢　▶洗碗机内部
▶浴室的肥皂渣　　▶厕所

物品 5

氧漂剂

氧漂剂是一种没有刺鼻气味、可以用在彩色图样上的漂白剂。当水温达到40℃～50℃时效果最佳。

▶洗衣槽的清洁
▶抹布的除菌漂白

物品 6

去污膏，碱性电解水

用碱性电解水擦拭可以去除厨房油污。IH 烹调加热器上的焦渍可用去污膏和揉圆后的保鲜膜去除。

▶IH 烹调加热器、烤肉架上的污渍等

物品 7

密胺海绵

把切成小块的密胺海绵放在厨房或洗脸台上，一旦哪里脏了就可以立马清洁。

▶厨房　▶洗脸台

四大清扫大法好，客厅碎屑跑不了

难以吸干净的地毯可以用牧田无线吸尘器再仔细吸一遍。

拿出像样的吸尘器把整个家都吸一遍，这种操作一天最多一次。我用的最多的便是无线吸尘器了。如果家中的家具款式都是细长腿的，那么就能把地板的角角落落都打扫得干净到位。

家具采用细长腿设计，打扫起来非常轻松。

清洁规则 002

让清洁工具保持随时待命的状态

家里用的清洁工具是可挂式的，用从无印良品买来的挂钩挂在墙壁上。这些清洁工具设计简洁，就算挂在墙上被人瞥见也无伤大雅。需要打扫时随拿随用，免去了特意去取清洁工具的麻烦。

掸子（德国 Redecker 牌）、挂钩（可挂式家具）、挂钩（购于无印良品）。

清洁规则 001

首选无线吸尘器

我每天都要用到好几回牧田的无线吸尘器。这款吸尘器不仅设计简单轻便，而且吸尘头小巧，就算在狭小的空间中运作也能游刃有余。它能把木地板上的头发、灰尘一扫而空。充电也毫不费力，我把充电器放在电视柜中，让它始终保持着连线状态。

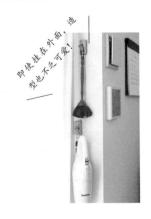

即使挂在外面，造型也不乏可爱！

清洁规则 003

抹布的二次利用

　　更新擦桌子的抹布时，可以用替换下来的旧抹布擦地。普通污渍水擦即可，较为严重的污渍可用小苏打水或者碱性电解水去除。

清洁规则 004

用碱性电解水对付脏镜子

　　我家镜子、窗户上的污渍多为孩子触摸后留下的污痕，所以只要用喷过碱性电解水的厨房纸巾轻轻一擦，它们瞬间就能光亮如新。我经常会在擦完镜子后顺手擦一下客厅的电灯。这种顺带的擦拭动作一旦形成习惯，就可以省去多次擦拭家具的工夫，相当轻松。

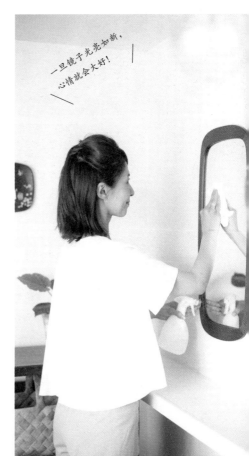

一旦镜子光亮如新，心情就会大好！

对付厨房有妙招，细菌污渍无处逃

厨房是掌管饮食的地方，而饮食是否卫生则是守护家人健康的关键。

只要稍不留神，竭力想要保持干净的厨房便会在顷刻之间变脏。学会选用合适的洗剂，就能轻松打造干净的厨房。

总是闪光锃亮！

清洁规则 001

洗完餐具后顺手清洁水槽

每次洗完餐具后，我都会顺手清洁水槽，及时处理水槽中的脏污。平时水槽用普通海绵起泡后擦拭即可，遇到需要清洗的餐具堆积、脏污较多时，就轮到储存在水槽下的小块密胺海绵出场了。清洗餐具的海绵若是浸泡在氧漂剂中除菌，便能长时间放心使用了。

清洁规则 002

常用喷雾消毒液对厨房柜台进行除菌消毒

每次做菜前和收拾整理完毕后，我都会用具有除菌效果的 Pasteuriser77 喷雾消毒液清洁料理台。为了保证每次擦拭时都能用到干净的抹布，需要对抹布勤洗勤换。只要把抹布煮沸或浸泡处理就能进行简单的除菌漂白。

清洁规则 003

柠檬酸——污渍和水垢的克星

　　水龙头周围的污渍（呈碱性）可用柠檬酸去除。在水龙头周围撒上少许柠檬酸粉，用沾了水的旧牙刷刷一下就能变得很干净。对付特别顽固的污渍时，先撒上柠檬酸液，再敷上保鲜膜，静置片刻后再刷效果更佳。

因为容器的口部形状便于倾倒，所以将柠檬酸倒入小口喷雾瓶配制柠檬酸液时很轻松。

我把柠檬酸液分装在单手容易摇匀的调味瓶中。这种调味瓶上原本印有红色的刻度，不过这种刻度用小苏打一擦就会消失。

← 撒上少许柠檬酸粉。

← 轻轻一刷即可。

← 剪了也不会脱线。

无印良品的这款毛巾是厨房的专用毛巾，为了随时都能方便地拿取，我把它放在了水槽下方的抽屉里。

清洁规则 004

DIY 抹布

　　我会把用旧了的毛巾剪开后做成抹布，但是普通的旧毛巾剪开后会脱线，收拾起来非常麻烦。无印良品的这款毛巾就是能够解决这一烦恼的优质产品。这款毛巾的中间设计有多条锁边线，只要沿着锁边线裁剪就不会脱线。我可以很简单地将毛巾剪成整齐的四等分，做成一块块手掌大小的抹布。

煮沸杀菌

考虑到抹布的卫生情况，我会经常把它们放在沸煮的水中杀菌。具体做法是先把抹布放在锅里，用文火咕嘟咕嘟地煮沸，然后熄火让它自然冷却，这样简单的除菌工作就完成了。如果这样还不够干净，可以在熄火后往水中加入氧漂剂，浸至自然冷却，抹布便洁白无瑕了。带花色的抹布同样也能放心使用。

抹布除菌用的锅是正中间的那个尺寸。当初买这个锅的时候并不是为了除菌，只是它既不适合做炖菜也不适合做酱汤，偶尔一次机缘巧合用上后无意间就成了抹布杀菌的专用器皿。

浸泡漂白

在盛满热水的锅中加入氧漂剂浸泡即可。据说当温度达到40℃以上时，氧漂剂便能发挥更好的效果。只要从水龙头中放出热水，将抹布浸泡在其中，就能使抹布洁白如初！清洗餐具的海绵我也定期用这种方法浸泡，所以在家里总是能用到干净的海绵。

清洁规则 007

使用前喷一下

　　每次使用 IH 烹调加热器时，我都会喷上碱性电解水，并用湿布擦拭干净。做完油炸食品特别脏时，第一次喷完电解水后不要直接用抹布，要先用厨房纸巾擦干净。这个细微的动作可以避免抹布沾上油污变得黏糊糊的，这便是让抹布保持清洁、延长使用寿命的秘诀。

清洁规则 008

焦渍用保鲜膜去除很方便

　　用普通的擦拭方法难以去除的 IH 烹调加热器上的焦渍，可以挤点去污膏后用揉圆了的保鲜膜摩擦去除。这种方法毫不费力，顷刻之间就能让加热器的台面光滑如初。用完后直接把保鲜膜扔进垃圾箱即可，无须清洗，这点很让人开心。

清洁规则 009

把水龙头擦得锃亮

　　厨房清洁的最后一步就是打理好水龙头。如果能把水龙头擦得光洁锃亮，那么无论从餐厅看过来，还是从客厅看过来，心情都会大好。

工具在好不在多，卫生间内常备好

总之，要保证卫生间的清爽舒适！

　　为了保持卫生间的整洁舒适，我们在考虑了打扫方便的基础上，将卫生间打造成了一个不放多余物品的简单空间。

清洁规则 001
没有蹭鞋垫和马桶罩的卫生间

　　为了能轻轻松松地把整个卫生间擦干净，我们既没有在卫生间铺设蹭鞋垫也没有马桶罩，就算孩子们把哪里弄脏了，也能瞬间恢复如初。地面、墙壁、座便器轻轻一擦就能完成除菌工作。

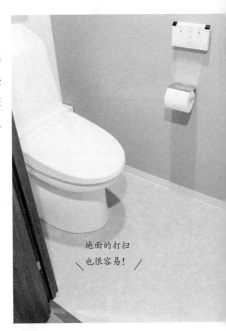

地面的打扫也很容易！

孩子的坐便器就靠放在进口处的墙壁上。紧急情况下也能马上使用。

清洁规则 002
毛巾杆上挂着除菌喷雾剂

　　我们把除菌喷雾剂作为常备之物挂在毛巾杆上。孩子们弄湿座便器或地面时，只要在最后一步喷上Pasteuriser77 喷雾消毒液并用厕纸擦拭干净就能令人安心。每天稍微打扫一下就好。

清洁规则 003

装饰只限一处就好

我们在空荡荡、略显寂寥的收纳柜下方的墙壁上设置了一款无印良品的小架子（可装在墙上），并在这架子上摆放了一些绿色植物和杂货。等到卷筒厕纸所剩无几时，还可以提前把备用品存放在这里，非常方便。

清洁工具就只有这些！

清洁规则 004

清洁工具只保留少数

考虑到拿取的方便性，我们把厕纸放在了柜子的下层。纸剩下多少一目了然。清洁用品也保管在这里。

马桶刷放在这样的小箱子里。平时看着就是个普通的箱子，但是把它翻过来一看里面还挂着一把马桶刷。

浴室每天 30 秒，次月定时要打扫

浴室是最容易滋生细菌、产生黏滑液体的地方。为了每天能开开心心地洗澡，我会稍微搞一下卫生，以防止污垢堆积。每天好好刷牙就能防止龋齿——我就是怀着这种心情努力不让霉菌滋生的。

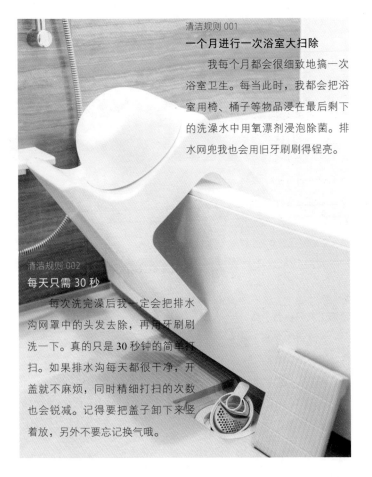

清洁规则 001

一个月进行一次浴室大扫除

我每个月都会很细致地搞一次浴室卫生。每当此时，我都会把浴室用椅、桶子等物品浸在最后剩下的洗澡水中用氧漂剂浸泡除菌。排水网兜我也会用旧牙刷刷得锃亮。

清洁规则 002

每天只需 30 秒

每次洗完澡后我一定会把排水沟网罩中的头发去除，再用牙刷刷洗一下。真的只是 30 秒钟的简单打扫。如果排水沟每天都很干净，开盖就不麻烦，同时精细打扫的次数也会锐减。记得要把盖子卸下来竖着放，另外不要忘记换气哦。

清洁规则 003
孩子的玩具放在沥水框中

　　浴室中的玩具收纳建议采用可挂式沥水框。沥水框挂在扶手上既可以沥水又可以收纳玩具。遇到天气晴好时，还可以挂在阳台的扶手上晒干。玩具收纳架，购于千趣会（bellemaison）。

清洁规则 004
选择可挂式清洁工具

　　从左到右依次是地板刷、洗浴缸的海绵、刷排水沟及角角落落的刷子。清洁工具选的都是可以挂在浴室内栏杆上的物品，这样既能沥水又很卫生。从左到右依次是QQQ（日本家居品牌）的可挂式刷子、可挂式海绵和刷子。

挂起来便于清洁！

全是白色的清洁工具，就算这么放在外面，也不会令人介怀。

玄关只要不露鞋，收拾自然更方便

即使玄关很脏，孩子们也依然光着脚丫、若无其事地踩在上面。玄关是一个需要尽可能保持干净的地方。为了不使玄关的沙砾、污垢弄脏其他房间，理想的做法是给玄关创造一个便于打扫的环境。

无论是出门前与家人告别，还是外出后回到家，清爽舒适的玄关都能给人带来不错的心情。

正是因为家中的玄关又小又暗，我才更要去思考如何才能轻松地打造好玄关。

空无一鞋，
清爽无比。

清洁规则 001
窄小的玄关不放鞋

我家的玄关比较狭窄，所以放在外面的鞋子以最小量为限，客人来访时会把鞋子收起来。地面扫完后用水擦拭，遇上污渍时用碱性电解水擦。鞋子不放在外面，搞卫生也变得很容易。

如果家人回家后鞋柜里都有相应的位置给他们放鞋子，那么整理起来就很轻松了。

清洗做到全方位，阳台灰尘都赶跑

　　大多时候我们都会在阳台上晾晒被子或是毯子，所以为了晾晒方便，我们会在阳台留出较为充足的空间。我还在阳台的一角摆放了一些绿色植物。

清洁规则 001

让地面能够进行全方位清洗

　　阳台的地面未做特别处理，始终处于能够进行全方位清洗的状态。我们也曾考虑在阳台上铺设木露台，不过最后还是没铺，是因为我听说露台的背面容易积灰。我经常会将窗子和窗帘敞开，这样就能从房间看到一个赏心悦目的阳台。我每天都会给摆放在阳台上的植物浇水，顺便打扫一下阳台。

Redecker牌马口铁桶、甲板刷(无品牌)。

Iris Hantverk 牌扫帚簸箕组合。

清洁规则 002

准备一些称心如意的清洁工具

　　虽然只是些清洁工具，但也得好好选一选。我在购买清洁工具时，不光要求用起来称手，还得外形入眼才行。因为这能让我的打扫工作变得愉快，每次用到它们时都有一种小小的满足感。

让孩子们乐在其中的可爱木制玩具

接下来我向大家介绍一下家中孩子特别喜欢的明星玩具。

物品
01

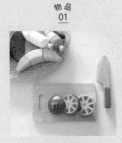

木制磁性蔬菜切切看

切口处带有磁铁，"咔擦咔擦"切起来很爽快，切面的做工也很精致。

物品
02

无印良品过家家玩具系列

（部分玩具已停产）

设计简洁的过家家玩具与鲜艳的蔬菜相映成趣。

物品
03

数字英文组合积木

（ooh noo 字母积木）

搭建排列自不必说，还可以用来学习数字和英语。

物品
04

彩色铅笔和笔筒

（Lyra 公司 /WE 公司）

小手也能轻松握住的三角形铅笔。放在人脸形状的笔筒里也很有趣。

物品
05

木制时钟的智力游戏

（HAPE 公司）

最初给人以纵横字谜的感觉，可以边学数字钟表边玩儿。

物品
06

木制面包和鸡蛋

（Erzi 公司）

面包的种类非常丰富，设计也很可爱。

第四章

全家总动员，把家变成信心乐园

comfortable life

Start with simplicity

收纳——不是一个人的战斗

我家有两个男孩子，一个两岁，一个四岁。

我并没有什么值得拿出来在人前夸耀的育儿经验，很多时候我都是一边看着孩子们熟睡的脸庞一边拼命地反省自己，只是有一点我觉得非常重要，那就是我希望把家打造成能够"让孩子们树立自信"的乐园。

我的大儿子曾是一个不怎么说话的孩子。比起周围的其他孩子，他总给人以慢悠悠的感觉，有一段时间我常常会为不能如我所愿地培养孩子而感到烦恼无比。那时的我既焦虑又烦躁，甚至丧失了作为一个母亲的自信。

从四岁开始，他仿佛突然间长大了，不过即便现在他还是照着自己的那一套慢悠悠地行事。也许像他这样的孩子无法在集体生活中备受瞩目，也很少受到表扬和嘉奖。即便如此，我还是希望把家打造成一个能让他随口说出像"我成功了！太厉害了！谢谢！"这些话的地方，于是我每天反复尝试着不同方法。

我依照孩子每个时期的自身情况和发展特点进行了无数次的尝试。比如为了营造一个能让孩子集中注意力吃饭和说话的空间，我专门把容易让孩子分心的玩具撤出他们的视线；再比如用一些孩子们容易理解的方法加上调整玩具数量以降低整理收拾的底线等等。

只要我在表达方式、展示方式上稍稍下点功夫，就能增加孩子们成功的机会。这让我很开心，而且通过对孩子们的赞赏让我慢慢拾回了一度丧失殆尽的作为一个母亲的自信。

　　我希望能按照孩子们的步调设置好他们可以努力做到的事情，然后在他们做到时给予衷心的赞赏，培养他们自立的能力。为此，我一直在思考如何在不生气不发火不责问他们为什么做不到的情况下，也能够相互愉快生活的方法。

　　人生并非一帆风顺，有时你付出了努力，也未必能有所回报；而有时也会因为你的不得要领遭受损失，甚至还有想放弃一切的时候。我希望从现在开始给自己心心念念的孩子树立起足够的自信，这样即便有一天孩子在某处遭受到了巨大的打击，也能够很好地保护自己。

　　正因为如此，我才要把这个家打造成能够"让孩子们树立自信"的乐园。

Kid's Space
让孩子在收纳中变得自立

收纳应随着孩子的成长而变化，
始终注意不留痕迹地用自信把整理收纳中容易产生的畏难情绪掉包。

用家中的白色贴纸
盖住轨道孔洞。

在大箱子中放入合适的小箱子，起到隔挡的作用。
中号的 Favore nuovo box 收纳箱刚好可以放下两个无
印良品的小收纳箱。

🖌 易于使用的 DIY 制作

DIY 改装家居收纳箱

　　我家主要是用宜家家居的舒法特
（TROFAST）收纳柜来收纳玩具。

　　当初，我是用专门的轨道和收纳箱
组装成抽屉来收纳玩具的。可是轨道被
过重的玩具压得变形走样，咔嗒咔嗒作
响，所以我就重新加工了一下。

　　我先在玩具收纳柜中加了些隔板
（另买）来分层，再用家中现成的篮子和
简洁型箱子给玩具分类。

以前

原本使用的是舒法特收纳柜
附带的玩具抽屉。它们并不
适合存放较重的玩具。

让玩具的位置一目了然

规定每种玩具的固定摆放位置并贴上照片，孩子就能自信满满地送玩具"回家"了。

🏷 易于使用的 DIY 制作

让孩子自己送玩具"回家"

为了避免孩子在送玩具回家时出现不知该把玩具放去哪里的尴尬局面，我在每种玩具的固定摆放位置上贴上了照片。照片的式样非常简单，就是把家中打印好的照片插入透明的名片夹中，再用双面胶粘在隔板板面上。为了方便他们理解，我拍下了玩具整理完成后的最终状态，通过这种方式明确地告诉孩子们整理完成后的玩具应该是这个样子的。当需要整理的玩具发生变化时，换张照片就好了。

一开始就把需要的图片都打印好，之后还能随意替换，非常方便。

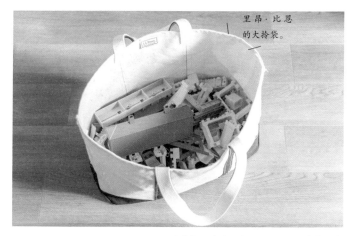

里昂·比恩
的大拎袋。

玩具没有按照零件细分，而是把一整套都放在
了一起。家里的玩具数量刚好能装下一袋。

🦐 简单生活的物品选择

不可忽视的闲置物品

　　我家是把普乐路路的玩具放在一个大拎袋中。我曾为不知道
该把最长的玩具轨道放去哪里而烦恼不已，后来想到要不就用在
外住宿时要用的里昂·比恩大号拎袋暂代一下。因为是布袋，所
以放进去时不会发出很吵的声音，而且就算把整套普乐路路玩具
全放进里面也不重，孩子们还是可以自己搬去客厅玩儿。在考虑
添置新的收纳物品时，如果能先试着用一下家中的现成物品作为
替代，兴许能给你带来意外的惊喜，很多时候还能让你弄清自己
具体想要怎样的物品。一旦你破除了玩具该怎样收纳的固定观
念，说不定你的家里到处都是能用来收纳的宝贝呢。拥有一件不
仅能装玩具还能在其他地方发挥作用的物品应该很让人开心吧。

大儿子两岁时整理玩具的情景

两年前，大儿子还只有两岁时，我就让他把玩好的玩具收放在这个篮子里。当时的他就是这样左手提篮，右手收拾玩具的。

我自己收拾玩具时，也觉得篮子比较方便。

在孩子房间里一下就能把玩具分门别类地放在各自的抽屉里。

整筐整筐地放去孩子房间。

客厅的玩具也全部收放在篮子里。

🍃 简单生活的物品选择

万能的提篮

大儿子还是个小婴儿时，我就会在玩具旁边放个篮子。那是我结婚前非常钟爱的一个提篮。对孩子们而言，这个提篮不仅仅是玩具的收纳箱，有时还会成为他们的购物篮或者外出时的小背包，孩子们甚至还会强行钻到里面拿它当澡盆玩儿。尽管孩子们这样粗暴地对待它，它还是坚固依旧，值得信赖。孩子们尚小，无法给玩具分类时，我会允许他们把玩具全部放进篮子里，不过现在我会让孩子们把玩具收纳到篮子里后搬去自己的房间，再和他们一起给玩具分类。也许是因为篮子有提手的缘故，就连一岁的小儿子也能搬运自如。就算哪天这个提篮结束了它收纳玩具的使命，也能在我家的其他地方继续发挥它的余热吧。

多余玩具的收纳场所

多余的玩具分别保管在两个不同的地方。每个地方都不会让孩子们看到。

小时候的玩具放在顶柜上

我会把孩子们不太玩儿的玩具一点点地拿走。用这种收纳箱保管在房间的顶柜上。

多出来的玩具放到高处

当孩子们提出想玩这些玩具的要求时，我会拿下来给他们玩儿。如果他们想经常玩儿，我会让他们用自己保管的玩具交换，以保持合理的玩具数量。

🏷 简单生活的物品选择

不要让玩具数量失控

我觉得即便是很小的孩子，也能够管理好自己觉得非常重要的东西。他们不仅知道自己想玩的东西放在哪里，而且一旦丢失也能立马察觉并展开搜索。我想这才是真正的"自我管理"。

孩子们之所以整理起自己心仪的玩具时特别顺利，难道不是因为他们希望下次玩它之前都能好好地保管它吗？将东西分门别类进行收纳的最大好处在于"能立刻找到想要找的东西"。虽然只是收纳玩具，但只要把玩具数量控制在可以管理的范围内，孩子们就能舒舒服服地玩儿，轻轻松松地整理了。

我向大家介绍一下大儿子的换装区！

🔖 营造自信的房间

让孩子自信地整理衣物

在房间的衣橱一隅有一个专供孩子上幼儿园的换装区。虽然那是我用家中的现成材料七拼八凑做成的，却融入了我希望孩子自立的想法。每天早上做好上幼儿园前的准备，回家后把帽子制服放到固定的位置并自己换衣服——这种每天机械重复的动作，对于一个幼儿来说应该是一项较为艰巨的任务。有些日子孩子会比较配合，而有些日子也会比较抵触，就跟大人有时想去工作有时不想去工作的情况类似。

就算孩子每天的情绪各不相同，为了让他不断有"我成功了！"的体验，我一直坚持着这种做法，有时我可能只是站在一边旁观，有时也会帮下手指点他几句。既然定下了要培养孩子自立的目标，就不能发火，发火就是认输，让孩子自己做到才是胜利。我希望自己能不忘初衷地继续坚持下去。

照片换成标签
也不会弄错!

让孩子可以经常听
到"你成功了!你
太厉害了!"。

让孩子们自己做好去幼儿园的准备

在收纳场所贴上照片
左侧抽屉的上面是摆放制服帽的地方。将下面的抽屉抽空，用来摆放孩子的制服。在各个收纳地点贴上相应的照片，让孩子一看就能明白。

常备挂衣架
右侧是悬挂制服的地方。这里是由无印良品的聚丙烯树脂箱叠放而成，沿边可以端端正正地挂上衣架。我家使用的是挂钩可以转动的宜家家居儿童木衣架。

多多表扬
孩子回家后会主动把帽子放好，制服挂好。我会静静地坐在孩子身边，每天多多表扬他，终于将这个习惯固定了下来。绞尽脑汁想出来的收纳方法和办法，一旦在孩子身上有了很好的贯彻和实施，我自己也会感到由衷的快乐，表扬孩子的次数也就增加了。

设计一个让孩子回家后能主动换衣服的流程

　　我想了一个让孩子从幼儿园回家后，不用我口头指挥或是动手帮忙，他自己就能换好衣服的方法。具体做法是把回家后要穿的衣物事先整套准备好，放在一个可以用手端着的比较浅的大筐子里。这样，需要清洗的衣服也可以一并放在里面搬运，使用起来又顺手又方便。

回家后要替换的衣服

事先把回家后要穿的衣服准备好。

在箱子的侧面粘一个挂钩

让孩子把上幼儿园时背的双肩包挂在挂钩上。

换完衣服后，让孩子把换下来的校服、带回来的毛巾等需要清洗的物品放在筐内。

干得不错！

让孩子把需要清洗的物品放到更衣处的清洗筐中。

将放短裤、放袜子的抽屉细格化

将孩子们放短裤、放袜子的抽屉隔成一个个的小格，这样孩子们拿取东西时就不会乱作一团。哪个格子是空的一目了然，也便于孩子们存放东西。

摆放有辨识度的容器

就算孩子们不识字，也能通过辨别塑料容器的大小，独立完成洗澡。从左到右依次为香波、护发素、沐浴乳。

🌸 营造自信的房间
用图片向孩子传递信息

有些物品如何才能让孩子们一看就明白，使用起来又很方便呢？我一边思考着这个问题，一边做了很多尝试。没想到，原本专为孩子们设计的方法，很多时候竟然也能让大人自己很受用！我发现，无论是对孩子还是大人而言，通过眼睛获得的视觉信息量还是很大的。虽说如此，但是如果什么都用图画照片的形式贴起来，有时反而会因信息量过大而难以接收。

我感觉简洁清爽的画面，最能在视觉上达到通俗易懂的效果，这就是最理想的状态。

CLEAN UP OF THE ROOM

互动问答

我在玩转 Instagram（照片墙）时，会时不时地收到一些提问，现在我将自己的回答分享给大家。

Question
01

你家的房间总是干净整洁的吗？

A：只有在孩子们睡着之后，我家的房间才会变得干净整洁（笑）。我家基本上都处于杂乱无章的状态。所以我所追求的家并非总是干净整洁的，而是如果想要收拾，就能在 10 分钟内大致搞干净某些地方。切实保证每样东西的固定摆放位置，且能在较少的步骤内放好，只要做到了这两点，就能在 10 分钟之内让家大变样。

Question
02

您丈夫也会帮着一起整理吗？

A：我丈夫陪孩子玩玩具的时候比我多，所以他会和孩子一起收拾整理玩具。分类简单的玩具、需要清洗的玩具、需要丢弃的玩具比较容易区分，所以他都会帮忙整理，不过他帮忙整理的东西也只限于有固定摆放位置、自己很清楚如何收拾整理的那部分。

您是从什么时候开始爱上收拾整理的?

A：从小我就喜欢整理整顿，比如把自己喜爱的文具排列整齐等等。不过收拾整理是件很麻烦的事，以至我结婚前房间里"衣满为患"。老实说，即便到现在，我还是觉得收拾整理挺麻烦的，只是除了自己之外再没有别人能够替代，所以我只能开足马力不断努力。正因如此，我才会思考如何用最短的时间在最短的距离内整理收纳的各种方法。

幼儿园发的资料该如何管理?

A：当把幼儿园发的每月计划拿回家时，我都会用苹果手机拍照，然后放到固定的地方。我习惯插在餐具柜门内侧的文件夹中，这样出差时也能确认每月的计划。不重要的资料会在拿回家当天就处理掉，免得后面处理时再花工夫。

您会将孩子的作品保管在何处?

A：当孩子带着他的作品回家时，我会让孩子拿着作品拍照留念。如果孩子的作品是立体的，我会让孩子当作玩具玩儿，直到玩得破破烂烂后再做处理。如果是孩子画的画，则会暂时装饰起来欣赏，其后经甄别，将需要保管起来的画集中摆放在文件盒中。我的计划是集满一个文件盒的量。

后 记

在制作本书之际，我特意将整个家彻底收拾干净之后，才邀请了专业的摄影师来我家拍摄。因为摄影师的拍摄技术很高，所以照片中呈现出来的我家才处处一尘不染。我绝没有想让大家因为这些照片而以为我家始终是这么干净整洁。

但是，我坚持使用这些收拾得干净整洁的照片是因为它们能勾起我收拾整理的欲望。即使不看相关的说明文字，当时愉快收拾整理的画面也会一下子跃入我的视线。只要看到这些照片，我就会像上了发条似的，心中涌起"好，就让我把它们恢复到原先的整洁状态吧"的欲望，不知不觉中便想要收拾整理了。希望阅读本书的你也能在拿着此书时能与我有相同的共鸣，这便是我创作本书的初衷。

不过事实就是事实。请大家想象一下一个两岁的小男孩和一个四岁的小男孩一起玩战争游戏满屋子跑的场景吧，那便是我家的真实情况。收拾整理的时间实在很少。

正因为如此！我才总是一丝不苟地探索能够简单收拾整理的方法、减少可以收拾整理的物品数量，以及与这个家的大小和生活方式较为合拍的维系方式。其实这种"自我探索"的精神才最为重要，可能也是最需要花时间的地方。

了解自我，了解家人。不擅长的部分相互弥补，充分发挥各自的特长，只要能达到这样的效果，就是对家人而言最合适最自然的方法。另外，对于舒适清爽生活的理解，每个人不尽相同，只要我在这里介绍的生活方式能对大家有一丁点儿的帮助，我都会备感欣慰。

最后，我想向找到我并邀请我写书的**マイナビ**出版社的胁总、总是灵活应对我过于执着要求的柳原编辑为首的所有相关人员表示深深的感谢。在 Instagram 中收到的所有信息都是大家给我的莫大鼓舞。真的非常感谢大家！

中英文词汇对照表

Board	陶板
Contents	目录
Comfortable life	舒适生活
Chair	椅子
Clock	时钟
Calendar	日历
Christmas tree	圣诞树
Clean up of the room	打扫房间
Dining room	餐厅
Desk	书桌
DIY	手工制作
Denim easy pants	牛仔休闲裤
Find	发现
Furniture shops	家具店
Gingham check shirt	格子条纹衬衫
Kitchen	厨房
Kid's space	孩子的空间
Living room	客厅
My floor plan	我家的户型图
Mirror	镜子

Original calendar	原始日历
Question	问题
Start with simplicity	从简开始
Socket pendant lamp	插座吊灯
String pocket	壁挂式储物架
Skirt	裙子
Toaster	烤面包机
Tidying up my living	整理我的生活
Tidying up my dining	整理我的餐厅
Tidying up my room	整理我的房间
Tidying up my wash room	整理我的卫生间
Tidying up my kitchen	整理我的厨房
Tidying up my halls	整理我的走廊
Tidying up my closet	整理我的衣橱
Vintage	复古的
Washroom	卫生间
White blouse	白衬衫